圖解版

有趣到睡不著

趣味微生物

東京農工大學研究所
農學研究院　教授
山形洋平
Youhei Yamagata

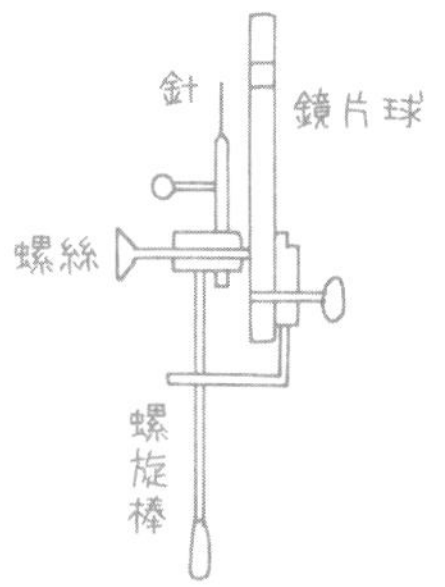

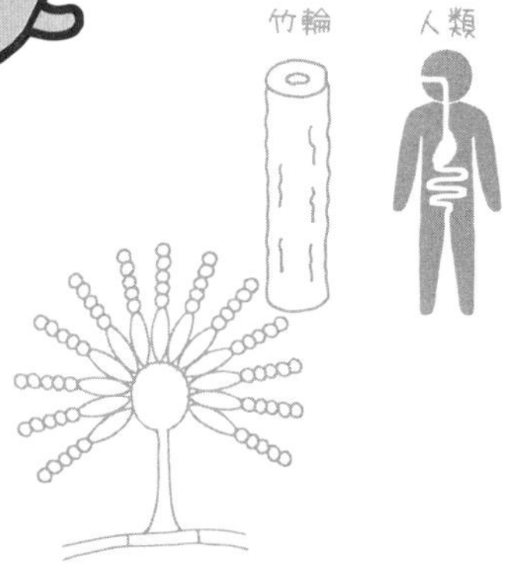

晨星出版

前言

微生物世界其實與人類有著非常緊密的關係。人類自史前時代起便在經驗的累積下，將微生物運用在發酵和釀造上，使生活變得更豐富。

然而，微生物引起的各種傳染病卻也一直對人類帶來威脅。因為肉眼看不見微生物，所以以前的人會覺得是種威脅。這也使得人們認為釀造、發酵是老天爺贈與的賞賜，生病則代表神明在憤怒，是鬼魂及惡魔在搞怪。如果以前的人知道這些眼睛看不見的神明、惡魔、鬼魂其實是如此微小的生物，不知會做何感想？人們察覺微生物的存在至今約１６０年。不過現在還是能看見許多新發現，可說是一門極深的學問呢！

在大學開了微生物課程、做了微生物的研究後，開始有機會與一般民眾或國高中生聊聊微生物。發現原來有些人也會認為「微生物的世界真有趣」。我自己在研讀或聽聞微生物最先進的研究成果後，同樣有著微生物果然厲害的想法。

近來，人們發現了許多與全世界息息相關的重大新知，而這些發現與地球本身及生命歷史都有極深的關係。我會接受本書的撰寫邀約，就是希望能讓讀者們更了解微生物的世界。

微生物棲息在每個地點、每個角落，會在各種場合，甚至是你我未察覺的情況下為人類發揮自己的功用，當然牠們也會胡作非為。非常期待各位能透過本書了解這些道理。國高中生的讀者們若能在閱讀後，開始對微生物世界感到興趣，那麼對我而言更是莫大的榮幸。所以，我試著以輕鬆易懂的文筆，將「微生物學」當作是一間食堂，把其中的知識比擬成各種料理與解說，從微生物學的歷史、發酵與釀造、疾病與環境的關聯逐一介紹。各位在閱讀後，如果對其中任一項目感到興趣，希望更深入了解的話，那麼可以參考其他為一般讀者撰寫、內容更專精的科普類書籍或專業叢書。

最後，要非常感謝日本文藝社書籍編輯部坂將志先生的邀稿，以及被截稿日搞到雞飛狗跳的エディテ１００米田正基先生，感謝您們願意承接辛苦的編輯作業。另外，還要由衷謝謝負責插畫與設計的室井明浩先生。

２０２０年７月

山形洋平

有趣到睡不著

圖解版 趣味微生物

目次

PART2

微生物和人類生活在一起是真的嗎？

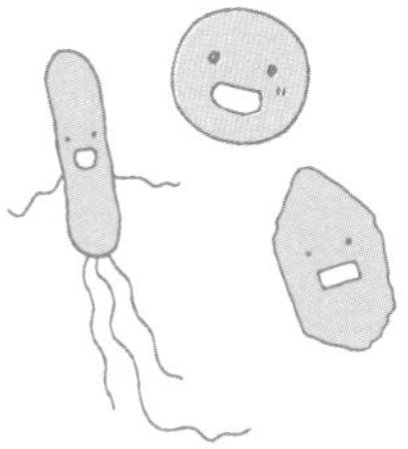

PART3

為什麼發酵能讓食物變美味？

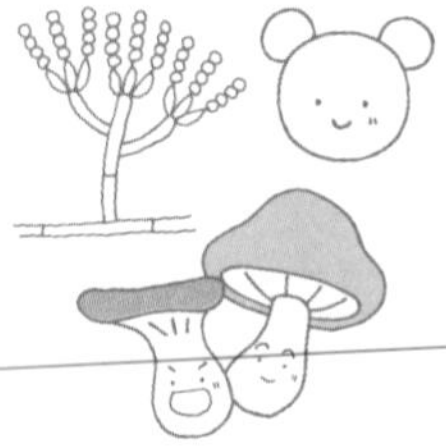

PART4

哪種微生物會引起疾病？哪種微生物又能治癒疾病？

参考文獻

J. Staley, et al, “The microbial world”, The American Academy of Microbiology (1996) ●大嶋泰治 他 編『IFO 微生物学概論』培風館(2010) ●横田篤 他 編『応用微生物学』第3版、文英堂出版(2016) ●R.Y. スタニエ 他著、高橋甫 他訳『微生物学』上・下、培風館(1989) ●野白喜久雄 他 編『改訂醸造学』講談社サイエンティフィク(1993) ●(財)バイオインダストリー協会 醗酵と代謝研究会 編『醗酵ハンドブック』共立出版(2001) ●野白喜久雄 他 編『醸造の事典』、朝倉書店(1988) ●吉澤淑 他 編『醸造・発酵食品の事典』朝倉書店(2009) ●別府輝彦『見えない巨人 微生物』ベレ出版、(2015) ●一島英治『麹(こうじ)』法政大学出版局、第二刷(2012) ●ポール・キンステッド著、和田佐規子訳『チーズと文明』築地書館(2013) ●杉山政則『現代乳酸菌化学』共立出版(2015) ●ロバート・ウェブスター著、田代眞人・河岡義裕訳『インフルエンザ・ハンター』岩波書店(2019) ●宮治誠『カビ博士奮闘記』講談社(2001) ●鎌形洋一「難培養微生物とは何か?」環境バイオテクノロジー学会誌、第7巻、第2号、69-73頁(2007) ●鈴木昭紀「酵母の増殖」日本醸造協會雜誌，第69巻、第1号、21-24頁(1974) ●山口正視「原核生物と真核生物の中間の細胞構造を持つ生物の発見」顕微鏡(日本顕微鏡学会誌)、第48巻、第2号、124-127頁(2013) ●木村眞人「土壌中の微生物とその働き」農業土木学会誌、第59巻、第4号、415-420頁(1991) ●永谷正治「微生物の反応速度」日本醸造協會雜誌，第68巻、第11号、829-834頁(1973) ●森浩二・中川恭好「微生物名ってどうやって決まるの?」生物工学会誌、第89巻、336-339頁(2011) ● DOC(Deep Carbon Observatory collaborators) report “Life in Deep Earth Totals 15 to 23 Billion Tonnes of Carbon—Hundreds of Times More than Humans”, Dec 10, 2018 (https://deepcarbon.net/life-deep-earth-totals-15-23-billion-tonnes-carbon) (2018) ●C. A. Suttle, Viruses in the sea, Nature, 437, 356-361 (2005) ●高島浩介 他「室内環境微生物としてのカビ」室内環境(室内環境学会誌)、第10巻、第1号、3-10頁(2007) ●外池良三「空気中の微生物について」日本醸造協會雜誌、第60巻、第2号、101-105頁(1965) ●藤浪俊 他「好アルカリ性細菌のアルカリ適応機構」生物工学会誌、第90巻、第11巻、692-695頁(2012) ●窪田正男 他「頭の匂いに関する研究」日本化粧品技術者会誌、第28巻、第3号295-298頁(1994) ●E. A. Grice, et al. Topographical and Temporal Diversity of the Human Skin Microbiome. Science, 324 (5931), 1190-1192 (2009) ● E. A. Grice, et al. A diversity profile of the human skin microbiota. Genome Res, 18, 1043-1050 (2008) ●浅井忠雄・馬場廣太郎「耳鼻咽喉科入院治療による口腔細菌叢の変動」口腔・咽頭科(日本口腔・咽頭科学会誌)第6巻、第2号191-197頁(1994) ●花田信弘「口腔における細菌性バイオフィルムの制御について」日本老年歯学会誌、第16巻、第3号(2002) ●北側善政 他「肺炎予防と口腔ケア」日本呼吸ケア・リハビリテーション学会誌、第17巻、第2号133-138(2007) ●高橋幸裕 他「口腔常在菌と全身疾患」Neuroinfection(日本神経感染症学会誌)第25巻、第1号、30-34頁(2020) ●伊藤康雅「口腔衛生と口腔内細菌」耳鼻咽喉科展望(耳鼻咽喉科展望会誌)、第45巻、第3号、226-234頁(2002) ●小林恒「口腔と全身の関係」日本調理科学会誌、第50巻、第5号、213-215(2017) ●笹岡邦典 他「各種口腔ケアの効果に関する検討」The KITAKANTO Med J(北関東医学会誌)、第58巻、147-151頁(2008) ●坂本光央「分子生物学的手法による歯周病原性細菌の検出・定量系の確立と口腔内細菌叢の多様性解析に関する研究」日本細菌学雑誌(日本細菌学会誌)、第59巻、第2号、387-383頁(2004) ●南部隆之「口腔細菌パターンを“健康型”へと変える試み」日本歯科保存学雑誌、第63巻、第2号、127-130頁(2020) ●庄子幹郎 他「口腔細菌研究の新展開」日本細菌学雑誌(日本細菌学会誌)第70巻、第2号、333-338頁(2015) ●冨田秀太「マイクロバイオームとニキビ」日本香粧品学会誌、第40巻、第2号、97-102頁(2016) ●天野宏敏 他「健常者における尋常性痤瘡に関与するCutibacterium acnesの検出状況および疫学的調査」医学検査(日本臨床衛生検査技師会誌)第68巻、第2号、399-346頁(2019) ●奥平雅彦・久米光「カンジダ症」炎症(日本炎症・再生医学会誌)第1巻、第3号、A1-A3頁(1981) ●平谷民雄 他「変異株を使用したCandida albicansの二形性発現メカニズムへのアプローチ」日本医真菌学会誌、第30巻、112-129頁(1989) ●渡部俊彦「Candida albicansの宿主生体内増殖機構の解析と新規抗菌物質の開発、YAKUGAKU ZASSHI、第123巻、第7号、561-567頁(2003) ●新見昌一・徳永美智子「Candida albicansの生物学と病原性」鹿児島大学歯学部紀要、第8巻、13-27頁(1988) ●S. Kurakado, et al. 17 β -Estradiol inhibits estrogen binding protein-mediated hypha formation in Candida albicans. Microb Pathog, 109, 151-155 (2017). ● S. Kurakado et al. Minocycline inhibits Candida albicans budded-to-hyphal-form transition and biofilm formation., Jpn J Infect Dis, 70, 490-494 (2017). ● A. Tangerman, Measurement and biological significance of the volatile sulfur compounds hydrogen sulfide, methanethiol and dimethyl sulfide in various ● biological matrices. J Chromatogr B, 877, 3366-3377 (2009) ● F L Suarez et al. Identification of gases responsible for the odour of human flatus and evaluation of a device purported to reduce this odour. Gut, 43, 100-104 (1998) ● “Farts: An Under-appreciated Threat to Astronauts”, Discover Magazine on line, August 23, 2018 8:00 PM (https://www.discovermagazine.com/the-sciences/farts-an-underappreciated-threat-to-astronauts) ●愛知県薬剤師会、便で分かる体の調子(https://www.apha.jp/medicine_room/entry-3543.html) ●藤本章人 他「伝統的パン種の美味しさと微生物の関わりについて」生物工学会誌、第90巻、第6号、329-334頁(2012) ●M.A. Amerine and G. Thoukis, The glucose fructose ratio of California grapes. Vitis, 1, 224-229 (1958) ● H. Hülya Orak, Determination of Glucose and Fructose Contents of Some Important Red Grape Varieties by HPLC. Asian J Chem, 21(4), 3068-3072 (2009) ●Mehdi Trad et al. The Glucose-Fructose ratio of wild Tunisian grapes. Cogent Food Agricul, 3, 1374156 (2017) ●谷川篤史「ビールづくりの研究とは?」生物工学会誌、第90巻、第5号、242-245(2012) ●日本醸造協會雑誌編集部「日本民族と醸造食品」日本醸造協會雜誌、第68巻、第1号、10-16頁(1973) ●厚生労働省「欧米諸国等におけるレンネットに関する調査報告書」(https://www.mhlw.go.jp/stf/shingi/2r9852000001y0vz-att/2r9852000001y202.pdf) ●岩崎慎二郎「微生物レンネット」高分子(高分子学会誌)、第16巻、第188号、1213-1219頁(1967) ●宮本拓「世界の発酵乳とそれらの微生物フローラ」ミルクサイエンス(日本酪農科学会誌)、第55巻、第4号(2007) ● Michaela Michaylova et al. Isolation and characterization of Lactobacillus delbrueckii ssp. bulgaricus and Streptococcus thermophilus from plants in Bulgaria, FEMS Microbiol Lett, 269, 160–169 (2007) ●東野治之・油山紀之「日本古代の蘇と酪」奈良大学紀要、第10号、30-38頁(1981) ●佐藤健太郎「古代日本の牛乳・乳製品の利用と貢進体制について」関西大学東西学術研究所紀要、第45巻、47-65頁(2012) ●宮下章「鰹節について」食生活総合研究会誌、第3巻、第2号、30-33頁(1992) ●中澤亮治 他「鰹節の黴に関する研究(第一報)」日本農芸化学会誌、第10巻、1137-1188(1934) ●中澤亮治 他「鰹節の黴に關する研究(第二報)」日本農芸化学会誌、第11巻、839-844(1935) ●河野一世 他「江戸の料理書にみるカツオの食べ方に関する調査研究」日本調理科学会誌、第38巻、第6号、462-472(2005) ●是枝登「第5節 ふし類」鹿児島県水産技術のあゆみ、鹿児島県水産技術開発センター(http://kagoshima.suigi.jp/ayumi/) ●公開特許公報、昭56-102755 ●公開特許公報、昭62-91140 ● M. Kunimoto et al. Lipase and phospholipase production by Aspergillus repens utilized in Molding of “Katsuobushi” processing, Fisheries Sci, 62 (4), 594-599 (1996) ● Y. Kaminishi et al. Purification and characterization of lipase from Aspergillus repens and Eurotium herbariorum NU-2 used in “Katsuobushi” molding. Fisheries Sci, 65 (2), 274-278 (1999) ● Y. Miyake, et al. Antioxidants produced by Eurotium herbariorum of filamentous fungi used for the manufacture of Karebushi, dried bonito (Katsuobushi). Biosci Biotecnol Biochem, 73 (6), 1323-1327 (2009) ●中島英夫 他「生ハム製造工程中における微生物叢の変化」食品衛生学雑誌(日本食品衛生学会誌)、第30巻、第1巻、27-31頁(1989) ●長野宏子「知恵の結晶:微生物が醸す私たちの食生活」日本調理科学会誌、第51巻、第3号、135-141頁(2018) ● N. Talha et al. “H1N1 Influenza (Swine Flu)”, NCBI Bookshelf (2019) (https://www.ncbi.nlm.nih.gov/books/NBK513241/) ● A.D. Iuliano et al. Estimates of global seasonal influenza-associated respiratory mortality: a modelling study. Lancet, 391 (10127), 1285-1300 (2018) ●加藤茂孝「ペスト―中世ヨーロッパを揺るがせた大災禍」モダンメディア、第56巻、第2号、12-24頁(2010) ● WHO “Plague”, WHO Fact-sheet, Oct 31, 2017 (https://www.who.int/news-room/fact-sheets/detail/plague) (2017) ●田中誠二 他「風土病マラリアはいかに撲滅されたか」日本医史学雑誌(日本医史学会誌)第55巻、第1号、15-30頁(2009) ●北潔「マラリア制圧の夢と現実」ファルマシア(日本薬学会誌)、第36巻、第8号、932-937頁(1996) ●上村清「蚊媒介性感染症はなぜ日本で減ったのか?」Pest Control Tokyo(東京都ペストコントロール協会誌)第71巻26-35頁(2016) ● WHO “World Malaria report 2018” (https://www.who.int/malaria/publications/world-malaria-report-2018/en/) (2018) ●地球温暖化の感染症に係る影響に関する懇談会「地球温暖化と感染症」環境省(https://www.env.go.jp/earth/ondanka/pamph_infection/full.pdf) ● M. Kimura et al. Epidemiological and Clinical Aspects of Malaria in Japan. J Travel Med, 10, 122–127 (2003) ●厚生労働省「平成30年結核登録者情報調査年報集計結果について」(https://www.mhlw.go.jp/stf/seisakunitsuite/bunya/0000175095_00002.html) (2019) ● WHO “Global Tuberculosis Report 2019” (https://www.who.int/tb/publications/global_report/en/) (2019) ● M.W. Peck, Clostridium botulinum and the safety of minimally heated, chilled foods: an emerging issue? J. Appl. Microbiol, 101, 556-570 (2006) ● L. M. Brown, Helicobacter pylori: Epidemiology and routes of transmission. Epidemiol Rev, 22 (2) 283-297 (2000) ●森内浩幸「母子感染」小児感染免疫(日本小児感染症学会誌)、第24巻、第2巻、199-206頁(2012) ●川端正清 他「感染症2 (2) 母子感染(ウイルス1)」日本産婦人科学会雑誌、第56巻、第9号、N535-N540 (2004) ●森内昌子・森内浩幸「母子感染するウイルス:共生か矯正か」モダンメディア、第56巻、第7号、153-158頁(2010) ●森内昌子・森内浩幸「経母乳感染～乳児への利益とリスク」モダンメディア、第62巻、第4号、123-129(2016) ●渡邊京子「Microsporum gypseum 感染症の2例と茅ヶ崎市の土壌中からの同菌の分離」日本医真菌学会雑誌、第55巻、79-83頁(2014) ●大橋久美子 他「Pasteurella multocida の分離状況と患者背景－最近9年間の成績－」日本臨床微生物学雑誌、第26巻、第2号、34-40(2016) ●厚生労働省健康局結核感染症課「動物由来感染症ハンドブック2014」(2014) ●高橋容子 他「千葉県で見られた Trichophyton tonsurans による back dot ringworm の1例」日本医真菌学会誌、第46巻、273－278頁(2005) ●中村(内山)ふくみ「国内におけるトキソカラ症の実態」モダンメディア、第61巻、12号(2015) ● WHO “Rabies” WHO fact sheet” 21 April 2020 (https://www.who.int/news-room/fact-sheets/detail/rabies) (2020) ●厚生労働省健康局結核感染症課「抗微生物薬適正使用の手引 第一版」(2017) ●野中健一「離島大国「日本」における微生物創薬の現状と可能性 日本は微生物の宝庫」化学と生物、第57巻、第2号、108－114頁(2019) ●今中忠行「CO2から石油を作る細菌」Microb Environ. 第13巻、第3号、171－175頁(1998) ●服部達雄「エネルギー生産としての微生物を利用した水素製造」水素エネルギーシステム、第21巻、第1号、3－9頁(1996) ●松本光史「微細藻類によるグリーンオイル生産技術の実用化に向けて」化学と生物、第54巻、第3号(2016) ●蔵野憲秀 他「微細藻類によるバイオ燃料生産」デンソーテクニカルレビュー、第14巻、59-64(2009) ● A. R. Rowe, et al. Tracking electron uptake from a cathode into Shewahella cells: Implications for energy aquisitio from solid-substrate electron donors. mBio, 9 (1), e02203-17 (2018)

PART 1

微生物究竟是什麼樣的生物？

01 微生物是肉眼看不見的生物嗎？

微生物是用顯微鏡才能看見的生物

微生物如同其名，指的是非常（微）小的生物，**學術上並沒有明文規定哪些生物屬於微生物**。一般而言，微生物就是指必須用顯微鏡放大才能清楚看見的微小生物。所以**微生物包含了細菌、酵母菌、黴菌、蕈類等部分菌類及原生動物，有時也會將冠狀病毒這類病毒歸類於微生物中**。

細菌的大小差不多是1微米（㎛）。1㎛是1㎜的1千分之1，也就是說要1千個細菌排成一列，才有辦法累積到1㎜的長度。較常見的細菌包含圓形的球菌以及長像膠囊藥的桿菌，另外也有長像螺絲或螺旋槳的細菌。**乳酸菌和納豆菌則是與你我生活息息相關的常見細菌**。

酵母菌可以用來製作麵包或生產酒精飲料，所以眾所皆知。不過其他還有非常多種酵母菌存在於自然界裡。學術上並沒有酵母菌這種分類，而是會稱其為**單細胞菌類**。這種菌類的**大小約莫為5～10㎛**，比細菌大上許多，不過也是要並排1百個以上，長度才有辦法達到1㎜。

黴菌、蕈類等菌類跟植物一樣，會不斷延伸名為菌絲的細長條細胞來長大。一旦菌絲變長，就算不用顯微鏡也看得見，但是牠的粗細不一，**會介於數㎛至數百㎛**。

黴菌多半是由綠色、黑色或紅色的無性胞子團所組成，所以肉眼可見。麵包、麻糬、浴室等處都可見黴菌的身影。

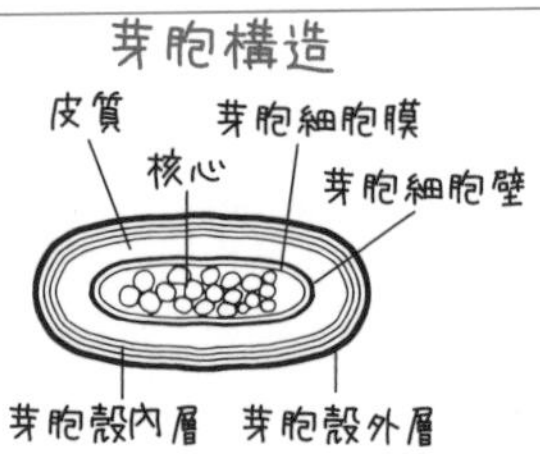

※參照枯草桿菌

另外，蕈類整個都是由子實體所構成，因此你我用肉眼就能看見，不過蕈這種微生物基本上會以菌絲形態度過一生。日文漢字所說的「**黴菌**」其實代表不同意思，「**黴**」是指「黴菌」，而「**菌**」是指蕈類。以前的人因為能用肉眼看見黴菌跟蕈類，所以才會用「黴菌」稱之。

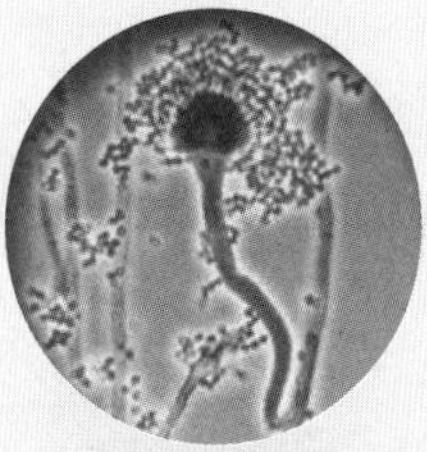

黴菌

據說黴菌種類約有30000種。圖片裡的黴菌名叫煙麴黴菌（Aspergillus fumigatus），屬於麴菌菌種，這種黴菌會造成伺機性感染的麴菌病（Aspergillosis）。

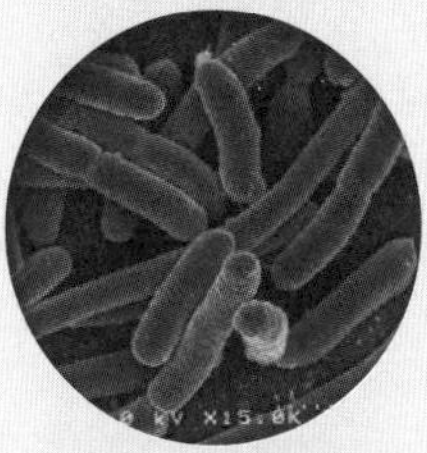

大腸桿菌

大腸桿菌就是長像這樣的桿菌喔。牠的形狀是細長條狀或圓柱狀，在細菌裡算是相當常見的菌種。

蕈類

這種蕈可是高級食材松露呢！以菌類而言，蕈會形成比較大的大型子實體。蕈就是會形成子實體的菌類，黴菌則是不會形成子實體的菌類。

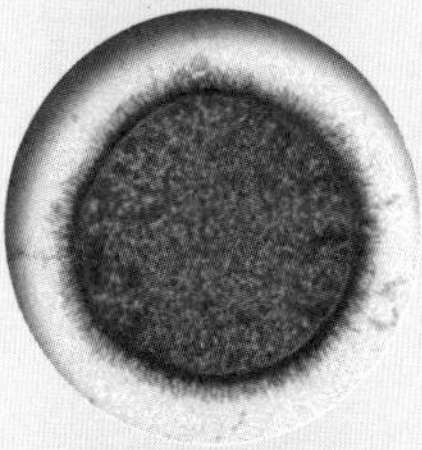

枯草桿菌

我是滿喜歡吃納豆的，不過真沒想到竟然有這麼多菌長在稻草上呢！納豆菌是一種枯草桿菌，在日本，據說一支稻草上就會附著高達1000萬個納豆菌芽胞。芽胞則是指一種能夠活非～常久的細胞構造喔。

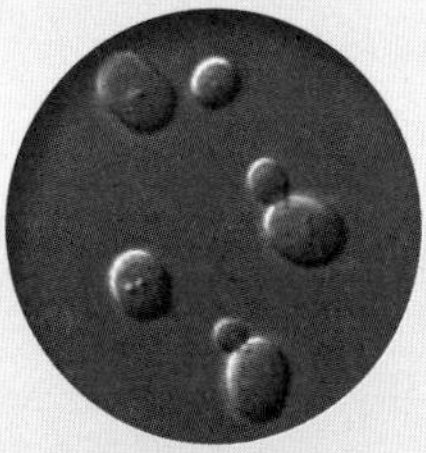

酵母菌

酵母菌是滋養體為單細胞型態的真菌總稱，不過我們只要記住，在做麵包或生產啤酒時常用到的出芽酵母菌就可以囉。

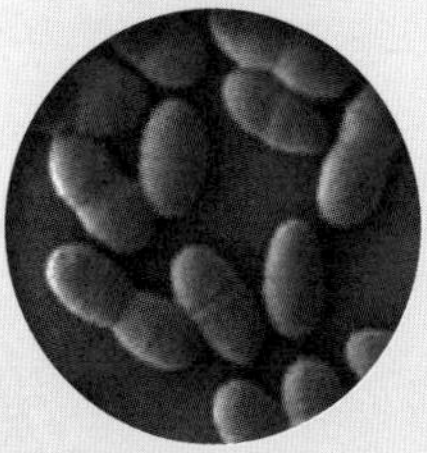

乳酸菌

乳酸菌的形狀長這樣。乳酸菌呢……就是指透過代謝形成乳酸的細菌喔。不管是在製造優格、乳酸菌飲料，還是醃漬物的發酵都需要乳酸菌的幫忙呢！

02 微生物是怎樣的生物呢？

地球上最早出現的生命就是微生物

先不討論病毒的話，我們可以把微生物大致區分成兩種：一種是**原核微生物**，另一種是**真核微生物**。真核微生物，其實就是真核生物的微生物。真核生物如同其名，是細胞裡長有細胞核的生物。**而我們人類，還有其他動物跟植物都屬於真核生物。**

細胞核是一個球狀物體，外層的薄膜包覆著串連許多基因的染色體。真核生物不僅有細胞核，還存在著內質網、線粒體、高基氏體等擁有不同功用的胞器。行光合作用的葉綠體也被歸類為胞器。**真核生物裡，小到眼睛看不見的物體就叫真核微生物。**

另一方面，**所有的原核生物都是微生物，**因此刻意稱作原核微生物其實有點奇怪。**原核生物雖然不像真核生物的細胞裡存在著胞器，卻有染色體。**因為沒有細胞核的緣故，以薄膜包住所有染色體的擬核會直接存在於細胞內。

原核生物又可分成**細菌與古菌兩類。古菌（Archaea）也名為古細菌。**

站在人類的角度來看，**大多數的古菌都存在於極端環境。**像是在高溫溫泉、熱液礦床、深海、鹽湖等處發現的超嗜熱菌（Hyperthermophile）、甲烷生成菌（Methanogens）和嗜鹽菌（Halophile）。人們以往認為，這麼特別的微生物應該是出現在生命演化的最初階段，**但最近發現，古菌、細菌和真核生物很有可能是從同個祖先分別演化而來。**另外還有一派說法，認為**真核生物是從古菌演化而來**，相

信接下來的研究將能釐清彼此的相關性。

不過，**酵母菌、黴菌、蕈類、原生動物等都屬於真核生物。**酵母菌包含了透過出芽繁殖的出芽酵母菌，以及和細菌一樣，能藉由細胞分裂增生的裂殖酵母菌。麵包酵母菌歸類在出芽酵母菌。**黴菌、蕈類平常會不斷延伸菌絲，繁殖成絲狀，所以又被稱為絲狀真菌。**

絕大多數的真核微生物都是靠吸收自己體外的有機物維生，牠們還會幫忙分解森林裡的倒木、落葉，或是動物、昆蟲的屍體，卻也會寄生在植物上，甚至對植物帶來病害。

反觀，有些原核生物也是靠吸取外部的有機物維生，**萬一沒有找到有機物，牠們還會利用二氧化碳或空氣中的氮，在自己體內形成必須的營養繼續存活下去。**地球上的氮、硫磺等元素能夠轉換成人類可利用的胺基酸，都要多虧微生物們的幫忙呢！

述說全生物系統相關性的「生命樹」

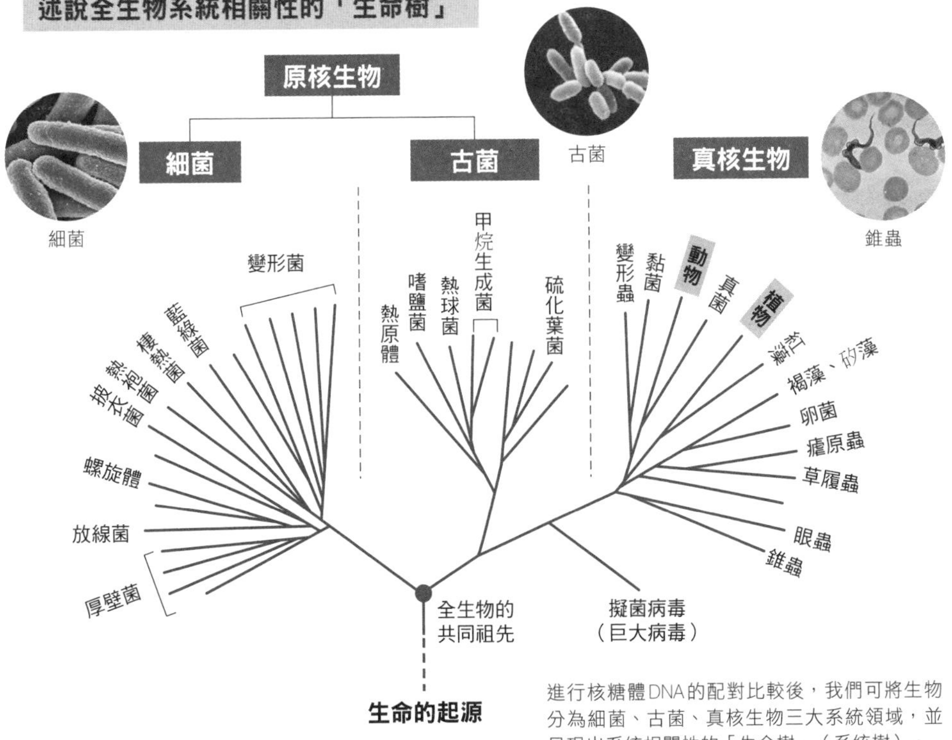

進行核糖體DNA的配對比較後，我們可將生物分為細菌、古菌、真核生物三大系統領域，並呈現出系統相關性的「生命樹」（系統樹）。

資料參考：《「微生物」って生き物？見えない巨人—微生物》別府輝 著（ベレ出版）。

03 酵母菌、黴菌和蕈類是微生物嗎？

酵母菌、黴菌、蕈類跟人類一樣，都是真核生物

其實上一篇就有提到，酵母菌、黴菌跟蕈類是微生物，同時跟人類一樣，都是**真核生物**。

酵母菌是製造麵包、酒類的主角。另外，米糠漬物、味噌、醬油及部分優格也都含有酵母菌。

一般而言，**酵母菌被分類在單細胞增生的真核生物裡。**部分細胞會長芽膨脹，**形成新酵母菌細胞的叫作出芽酵母菌，其中以釀酒酵母（Saccharomyces cerevisiae）和巴式酵母（Saccharomyces pastorianus）較為有名。**另外還有不靠出芽，而是**以細胞分裂繁殖的類型，名叫裂殖酵母菌**。

不過，**黴菌與蕈類屬於多細胞生物**，會延伸細胞前端不斷地生長。牠們既不屬於出芽、也不是裂殖，當細胞前端長到一定程度後，變長的細胞區段會形成細胞壁，成為兩個細胞。而**生長的黴菌和蕈體本身（菌體）又名叫菌絲**。如前述提到，菌絲也可以稱作絲狀真菌。

一根菌絲其實是從一個細胞延伸出來，雖然有非常多細胞朝著生長方向排列，但還是會維持一個細胞的粗度。菌絲幾近透明，即便照光反射，看起來也只會帶點白色，所以很難用肉眼清楚觀察。

酵母菌、黴菌和蕈類同時擁有有性世代與無性世代兩個生活史（Life cycle）。在正常情況下，細胞會各自裂殖、發芽來增加細胞，所以**舊細胞和新細胞會變成完全一樣的細胞（克**

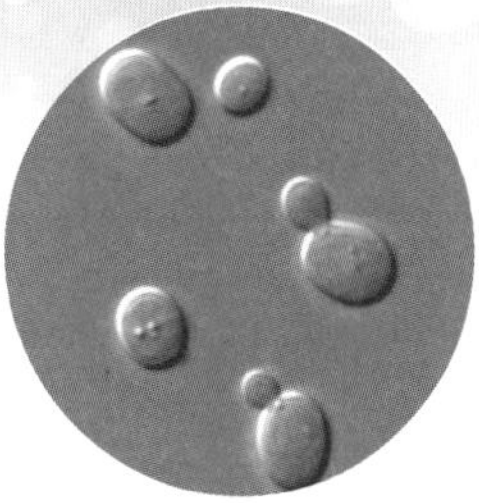

出芽酵母菌

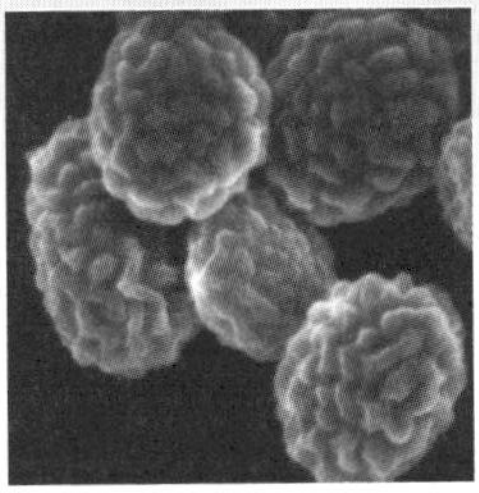

裂殖酵母菌會形成胞子。

照片：大阪市立大學研究所理學研究科
理學系生物學科細胞機能學研究室。

黴菌和蕈類是真核生物，也是多細胞生物喔。胞子會透過飛散增生，不過黴菌的胞子大多為無性胞子，蕈類的胞子則是指子實體，也就是蕈傘，我們都是吃這個部分喔。

隆）。不過，出現缺乏營養等環境變化時，分別扮演雄性與雌性的兩種細胞會進行**細胞融合（雜交）**，朝有性世代邁進。出芽酵母菌在這樣的狀態下雖然也能生長，不過大部分的真核微生物都會立刻恢復成無性世代。

從有性世代回到無性世代後，扮演雄性與雌性的兩種個體所擁有的染色體會發生重組。新形成無性世代的細胞會擁有不同於親代細胞、但將親代基因洗牌後的同一組基因群。

黴菌和蕈類會靠孢子增生。黴菌可分成靠有性世代形成的有性孢子以及靠無性世代形成的無性孢子。當我們看見黴菌（認為是黴菌）時，基本上都是看見**帶有顏色的無性孢子**。

然而，**絕大多數的蕈類情況都是孢子↓無性世代↓有性世代↓孢子**。我們所認知的蕈類，不過就是**負責製造孢子的器官（子實體）**罷了。

04 細菌和病毒都是微生物的同類？

細菌雖然稱不上是生物，卻擁有生物的特徵

細菌當然是微生物。如前文所述，在微生物的世界裡，說細菌占有重要地位可是一點也不為過。

另外，為全球帶來震撼，無人不知無人不曉的冠狀病毒等病毒，除了是造成我們生病的原因外，更與細菌齊名眾所皆知。

這篇會跟各位聊聊病毒。那麼，病毒究竟是什麼？

病毒個體和一般生物不同，不算是細胞。牠也沒辦法自我增生，因此稱不上是生物。不過，**病毒卻具備幾個生物特徵，像是擁有核酸（DNA或RNA其一）與蛋白質。**另外，病毒遠比細菌來得小，**如果說細菌的大小是1μm左右，那麼病毒是數十～數百奈米（nm），1nm是1mm的10萬分之1**。也因為病毒實在太小，所以無法用一般顯微鏡觀察。

病毒也帶有基因，病毒基因有可能是寫入DNA或RNA任一項，並依照寫入的項目分成**DNA病毒或RNA病毒**。

另外，包覆住核酸的部分稱為**衣殼**，由蛋白質組成。基本上，病毒擁有的基因都會受到蛋白質形成的衣殼所保護。

部分病毒的外圍甚至還會有一層名為**封套（envelope）**的膜狀結構。**冠狀病毒屬於RNA病毒**，身上帶有封套。**肥皂能夠破壞封套結構，這也是為什麼我們可以藉由用肥皂洗手，有效消除病毒的傳染力。**

遭病毒感染時，病毒表面的特殊蛋白質會**與我們細胞表面的蛋白受體結合。如果受體與帶有病毒的蛋白質類型不符，則不會引起感染。**這也是為什麼動物種類不同，就不會被感染，最後病毒會被細胞吸收。

接著，進入細胞的病毒衣殼會分解，釋放出基因。**這時病毒會利用感染細胞的核酸複製能力，形成大量病毒核酸。**而增加的病毒基因會繼續生產許多能構成衣殼的蛋白質。

我們的細胞只能以DNA複製DNA，或是DNA轉錄傳訊RNA（mRNA）的方式增加核酸。不過，**RNA病毒必須先將RNA反轉錄回DNA，**才能在我們的細胞內增加核酸。**這是因為RNA病毒具有名為反轉錄酵素的特殊酵素基因。**

核酸與蛋白質各自合成後在細胞內相遇，接著形成包覆住核酸的衣殼，病毒就此成形。成形的病毒**會突破所在的細胞，並感染下個細**

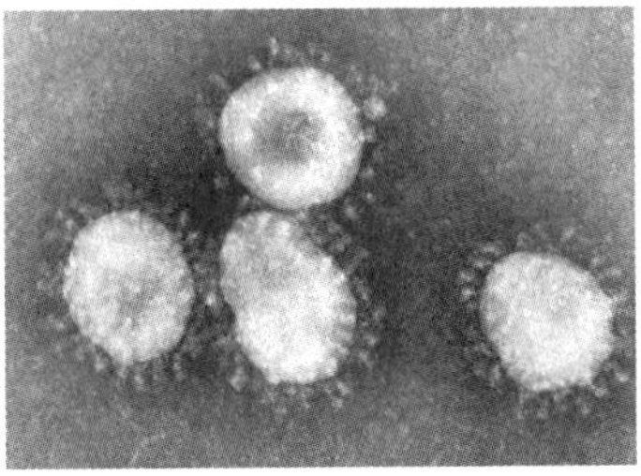

冠狀病毒科
傳染性支氣管炎病毒

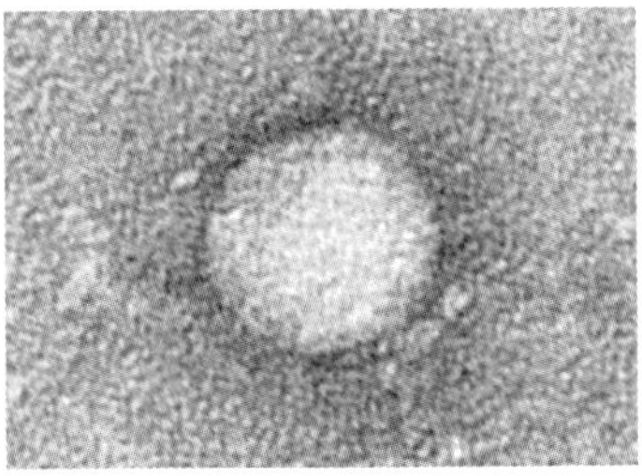

黃熱病毒科
C型肝炎病毒

冠狀病毒科與黃熱病毒科都是帶有封套的正鏈單股核糖核酸病毒，會使哺乳類、鳥類引發傳染病，為SARS、MERS、C型肝炎、西尼羅河病毒、登革病毒的病原體。

DNA與RNA示意圖

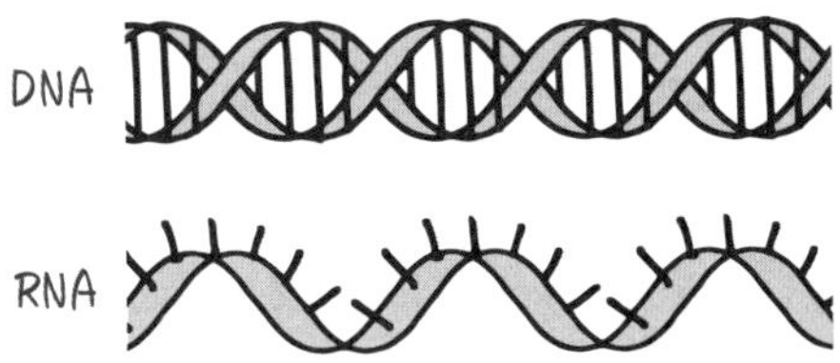

胞。

另外，**也有會感染細菌的病毒，名叫噬菌體（Phage）**。有些噬菌體會附著於細胞上，只將衣殼內的核酸注入細胞中。

在沒有宿主細胞的情況下，病毒將無法繁殖。於是病毒會開始進化，試著與宿主共存，這也是為什麼許多造成病毒病的病毒毒性會逐漸衰弱的原因。

病毒粒子構造示意圖

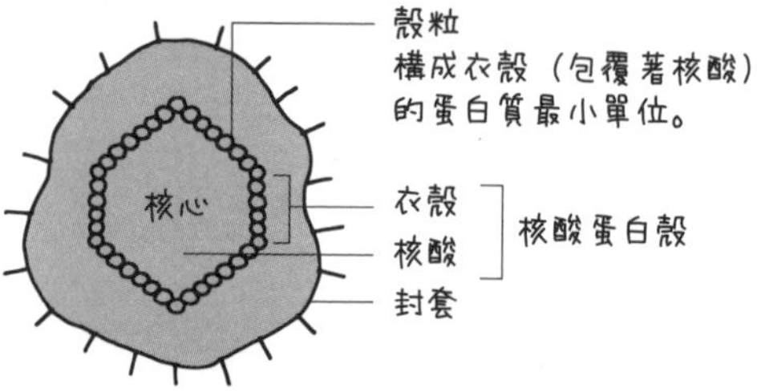

病毒可分成RNA病毒和DNA病毒。DNA的核酸鹼基為腺嘌呤（A）、鳥糞膘呤（G）、胞嘧啶（C）、胸腺嘧啶（T）。RNA的核酸鹼基為腺嘌呤（A）、鳥糞膘呤（G）、胞嘧啶（C）、尿嘧啶（U）。鹼基是指與酸反應形成鹼的化合物，是會與酸結合並起作用的物質。

封套示意圖

核酸與蛋白質各自合成後在細胞內相遇，接著形成包覆住核酸的衣殼，病毒就此成形。病毒會突破所在的細胞，並感染下個細胞。

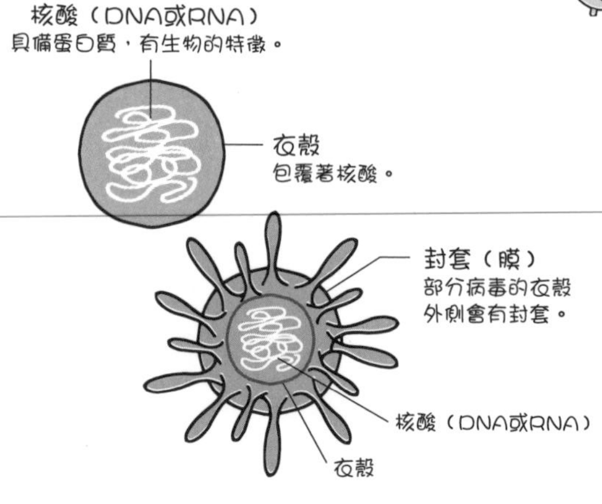

05 微生物明明小到看不見，怎麼會是「巨大生物」呢？

土壤裡有個微生物王國，連同病毒串連起來的話，會有1千萬光年那麼長

絕大多數的微生物都是肉眼看不見的生物。每個個體都好小，所以會給人脆弱無比的感覺。不過，微生物繁殖速度之快可是我們遙不可及的呢。

假設大腸桿菌存在於最適合生長的環境，20分鐘就能進行一次細胞分裂，繁殖為2個個體。若持續繁殖下去，那麼一個小時就會增加至8個（2×2×2）。**一天後就會增至47垓個（4.7×10^{21}），若依照相同速度再過一天，數量則會來到2200正個（2.2×10^{43}）。微生物的重量差不多是10^{-12} g，兩天就會變2.2×10^{28} kg，是地球5.972×10^{24} kg的3700倍重。**

不過，除非是能以人工方式營造出最適合增生的環境，否則微生物在自然環境下會因為營養枯竭停止生長，所以並不會出現大量暴增的情況。但這也讓我們了解到，微生物擁有非常強大的潛在能力。**如果微生物真的認真起來，說不定還能統治整個世界呢！**

像我們這類多細胞生物的每個個體都存在細胞，如果細胞們都任意行動，那麼個體將無法成立運作，所以必須透過彼此溝通，維持個體的統合性。

另外，我們甚至發現**微生物們也是靠著溝通來生活**。不只是同一種類的微生物，**不同種類的微生物一樣會彼此溝通，時而競爭，時而互助，打造自己能輕鬆棲息的生活圈**。所以微**生物也會建構網絡，形成社會呢**。

最近有個堪稱世界級的計畫，那就是向海底繼續往下挖掘2500m，從2300萬年至2500萬年前的地層取樣，調查土壤中的微生物，結果發現在這麼深的地層裡也聚集著微生物。

據研究報告指出，這個遍及地底下的新生物圈是地球海洋的2倍大（20～23億km^3），如果把生活在裡頭的微生物換算成碳的重量，可是高達150～230億噸重，這個數字是人類換算成碳重的好幾百倍。

裡頭一部分的微生物還能把甲醇及甲胺等，泥岩與煤層所含的甲基化合物同化，釋放出甲烷與二氧化碳。換句話說，**地球還存在著一個與你我生活的陸圈、水圈截然不同的第三生命圈——「微生物王國」**。

微生物在這個王國裡過著怎樣的生活？對地球環境又會帶來什麼影響？其實還有很多未知的部分呢！

各種微生物

後生動物

反應槽內的後生動物多半是「囊蟲」「環節動物」等微小微生物。

雖然不是土裡的微生物，不過東京都下水道局在「微生物圖鑑」的網頁裡，有介紹汙水處理時常見的微生物們，就讓我從中介紹一些微生物吧！

資料、照片來源：東京都下水道局

囊蟲

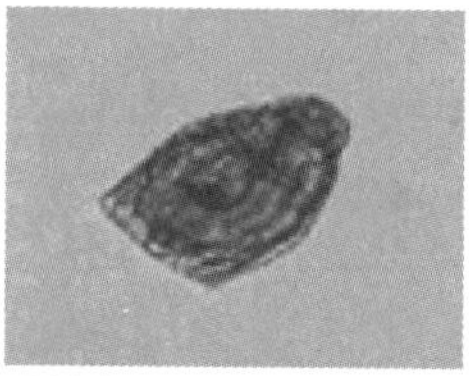

腔輪蟲
（和名：サラワムシ）

囊蟲以輪蟲類居多，頭部會有一圈冠狀纖毛，是最小的後生動物。除了輪蟲，還有可能會遇見腹毛類或線蟲動物。

環節動物

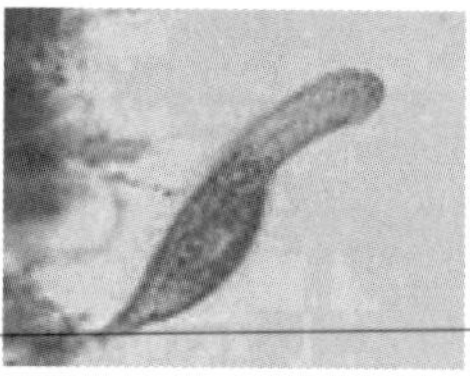

鼬蟲
（和名：イタチムシ）

環節動物除了蚯蚓和沙蠶外，也是有微生物，且多半為節肢動物。

另外**還有一個巨大微生物群，那就是病毒了。**

話說，各位知道哪個地方的病毒最多嗎？是海裡。病毒比細菌小很多，無法用一般的顯微鏡觀察到，不過，改用電子顯微鏡的話，就會看見**每1mℓ的海水裡漂浮著數千萬～數億個病毒。以此推算整個海洋的話，可是會存在著1000穰個（10^{31}）病毒呢！**

假設海中一個病毒的碳重量為0.2fg（飛克，10^{-15}），那麼整體就會重達20億噸，相當於500萬頭藍鯨。接著，假設病毒的大小為0.1μm，把所有病毒連起來的話，長度可會是我們星系直徑的100倍（1千萬光年）。

雖然我們肉眼無法看見，但是不僅土裡有微生物王國，連海裡也都有病毒王國呢。

各種微生物

原生生物

原生生物的數量超過65000種，大致上可分成「鞭毛蟲」「肉足蟲」「纖毛蟲」。

肉足蟲

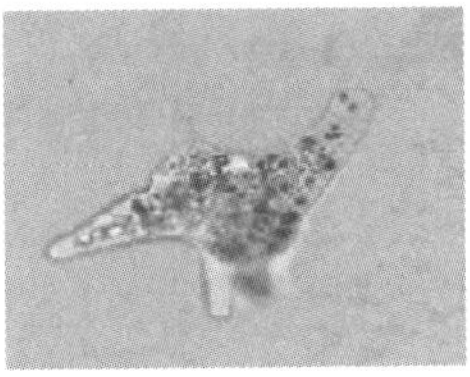

變形蟲
（無和名）

肉足蟲綱須仰賴偽足活動，偽足可分成葉狀、絲狀、網狀等形狀，沒有偽足的球狀蟲類會以浮游方式生活。

鞭毛蟲

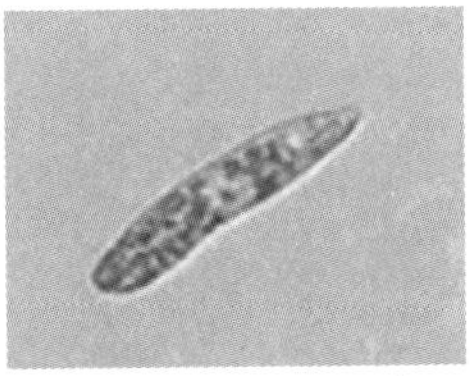

無色眼蟲（Peranema）
（和名：フトヒゲムシ）

鞭毛蟲會有一至多根鞭毛，還可分成有葉綠體及無葉綠體的種類。

纖毛蟲

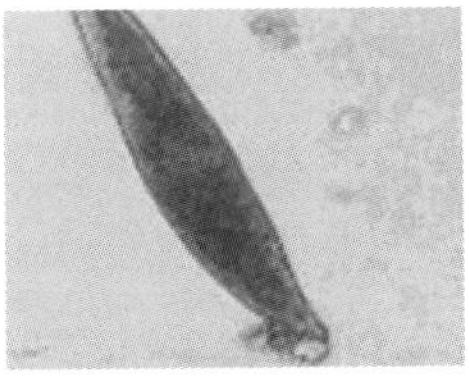

旋口蟲
（和名：ネジレクチミズケムシ）

纖毛蟲具有大核跟小核，會橫向分裂為二，基本上都是靠纖毛活動。

06 微生物會製造氧氣？

會製造氧氣的微生物叫作藍綠菌

現在的地球表面有**大氣層，包含了78%的氮氣、21%的氧氣，還有大約0．03%的二氧化碳**。不過，**其實原始的地球幾乎沒有氧氣，大氣層充滿了二氧化碳、鹽酸、二氧化硫、氮氣等氣體。**

這樣的地球為什麼會開始形成氧氣呢？是因為**35～27億年前出現了會製造氧氣的細菌**。在這個細菌的作用下，氧氣開始注入大氣層，並在非常久遠的後世，誕生了我們這群吸取氧氣維生的生物。

這個負責製造氧氣的細菌叫作藍綠菌。藍綠菌是唯一能和植物一樣，**行光合作用產生氧氣的細菌種類。**藍綠菌行光合作用的同時，還會吸收二氧化碳，產生糖分來製造自己的身體。

會行光合作用的細菌裡，其實**還有一種不會產生氧氣的類群，叫作光合成菌。**藍綠菌和光合成菌是完全不同類型的細菌。目前認為，遠古時代的藍綠菌應該是在淺海中曬著日光浴，靠著邊產生氧氣，邊行光合作用的方式繁殖，且是從前寒武紀開始就一直持續著這樣的狀態。

藍綠菌雖然是單細胞生物，卻也能在數個細胞結合的狀態下繁殖。這時會形成名為**疊層石（Stromatolite）**的塊狀物。有些疊層石會直接變成化石，出現在世界各地過去曾是淺海的地點。目前**澳洲西部的鯊魚灣（Shark Bay）還有活的疊層石，裡頭存在著藍綠菌。**

此處也於1991年登錄為聯合國教科文組織的世界遺產（自然遺產）。

多虧了氧氣的形成，地球開始出現各種變化。以鐵礦為例，溶於海中的鐵和藍綠菌產生的氧氣起反應，形成氧化鐵。氧化鐵就是生鏽的鐵，而這些鐵於海中大量堆疊，形成縞狀（條狀）。接著又發生地殼變動，於是這些堆疊物露出地面，成了鐵礦礦山。真是多虧了藍綠菌，我們才有辦法取得如此大量的鐵礦。

現在的我們如果沒有氧氣可是活不下去，不過，**很久以前大海所產生的氧氣其實是劇毒，會氧化掉體內的各種成分。**目前認為，為了將劇毒無毒化，**許多細胞開始吸收氧氣，消耗養分，把氧氣轉換成二氧化碳與水，進而出現呼吸這項功能。**

澳洲西部鯊魚灣淺灘可見的疊層石

照片：神奈川縣立生命之星・地球博物館

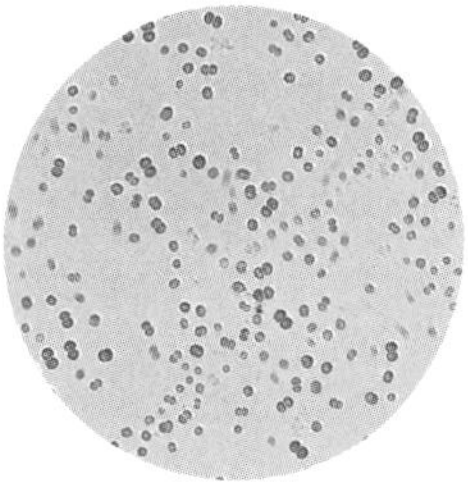

藍綠菌

全球第一個完成基因分析的光合生物

照片：名古屋大學研究所生命農學研究科基因組資訊功能學研究項目

照片：Webナショジオ／第53次南極觀測隊 渡邊佑基、田邊優貴子

南極湖底（名叫長池）的繁盛模樣。藍綠菌附著在苔類與數十種藻類上，形成共存的植物群落。

藍綠菌與碳酸鈣結合後，就會變成疊層石呢。

07 微生物為什麼會想要變小呢？

極小化讓微生物擁有高代謝活性和繁殖能力

細菌的細胞大小差不多是1～10㎛，較常見的真核細胞則是細菌的5～100倍大。為什麼兩者的大小會差那麼多呢？再者，以這麼小的細胞狀態生存又有什麼好處呢？

細菌的細胞和我們這群真核生物一樣也有染色體。以細菌中較常被拿來研究的**大腸桿菌為例，牠的染色體長度是464萬個鹼基對，納豆菌同類的枯草桿菌則是421萬個鹼基對**（鹼基對是指組成DNA的核酸互補配對的數量），而**人類的染色體長度約是30億個鹼基對**，大小上的差異為700倍左右。

以長度來比較染色體的話，**人類染色體的全長大概是1m多**，而**大腸桿菌與枯草桿菌的基因組差不多只有1．3～1．4㎜**。另外，**細菌的細胞裡頭沒有胞器**，所以當細菌想要繁殖的話，就**能以比真核細胞還要快很多的速度繁殖**。

舉例來說，**大腸桿菌在最佳條件下，能夠以20分鐘繁殖成2倍**。反觀，**真核生物中被認為繁殖速度最快的酵母至少需要1小時，人體細胞甚至要花上1天**。真核細胞要先複製出長長的染色體，接著製好所有的胞器後才會開始分裂。不過，細菌的細胞很小，裡頭沒有胞器，所以不用製造多餘的部位，基本上只要能夠染色體複製，就已經準備好進行細胞分裂。

如果大腸桿菌增生只要20分鐘，那麼1小時就能繁殖3次，數量會是2×2×2＝8倍。從一個細胞開始增生，那麼**一天的數量會**

是（2×2×2）乘以24次，大腸桿菌將增生到47垓個（4,700,000,000,000,000,000,000）。大腸桿菌一個細胞差不多是0．5㎛×2㎛的橢圓形。如果當成1㎛的圓形來看，那麼一個大腸桿菌的體積大概是0,000,000,000,000,000,52㎥，然後要再乘以2,444㎥，**從一個細胞開始增生，經過一天後，就能增加到填滿每個邊長13m大立方體的數量。**

酵母增生需要1小時，所以一天只能增加16,777,216倍。其實從中便可得知，微生物的優勢將取決於如何加快繁殖速度。

各生物物種的染色體條數

物種	染色體數（2n）
果蠅	8
大麥	14
鴿子	16
洋蔥	16
稻子	24
蚯蚓	32
貓	38
家鼠	40
小麥	42
人類	**46**
蟑螂	47
大猩猩	48
綿羊	54
牛	60
馬	64
狗	78
鯉魚	100
金魚	104

※絕大多數的有性生殖物種都具備二倍體（2n）的體細胞與單倍體（1n）的配子。

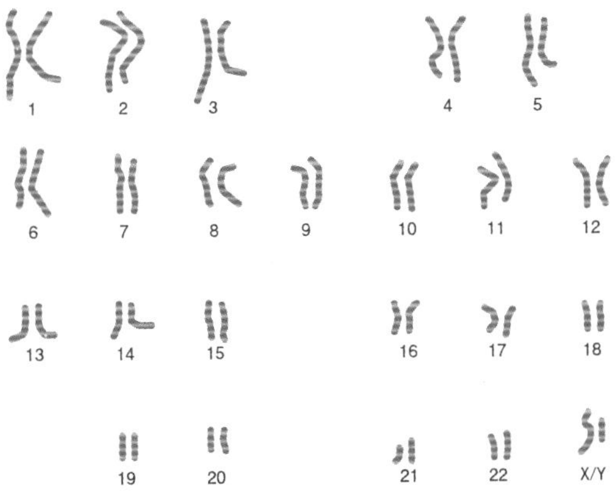

一般而言，人的染色體共有46條。這張圖是男性的，常染色體會由小到大依序編號排列。

08 微生物能活在各種環境嗎？

就算是超過100℃的嚴苛環境，微生物也能存活下來

說微生物在地球上無所不在其實一點也不為過。**牠們存在於大氣裡、水裡、土裡，還有我們的皮膚上、肚子裡，好多地方都可見微生物的蹤跡。**他們甚至能活在一般生物無法存活的地方。

像是**喜歡高溫環境的微生物名叫嗜熱菌**。其中，**溫度必須超過50℃才能存活的叫作極端嗜熱菌（Extreme Thermophile），超過80℃才能存活的則叫超嗜熱菌（Hyperthermophile）。**這些嗜熱菌能夠生存在溫泉、海底火山噴發口等處。

在我們身體裡運作的蛋白質遇熱就無法恢復原狀，這種情況稱作**變性**。雞蛋蛋白大多數的成分是蛋白質與水，把雞蛋加熱做成水煮蛋或荷包蛋時，透明的蛋白就會變濁白色，這就是蛋白質的變性。

嗜熱菌的蛋白質結構不太會受各種加熱法出現變性，牠的身體構造甚至已進化到遇高溫也能存活下來。這也使嗜熱菌就算在超過百度高溫的條件下，也能生育繁殖。說到冠狀病毒時，會常聽見PCR檢驗一詞。而這個**PCR（聚合酶連鎖反應）能夠成立，則是要靠嗜熱菌產生的DNA複製酵素。**

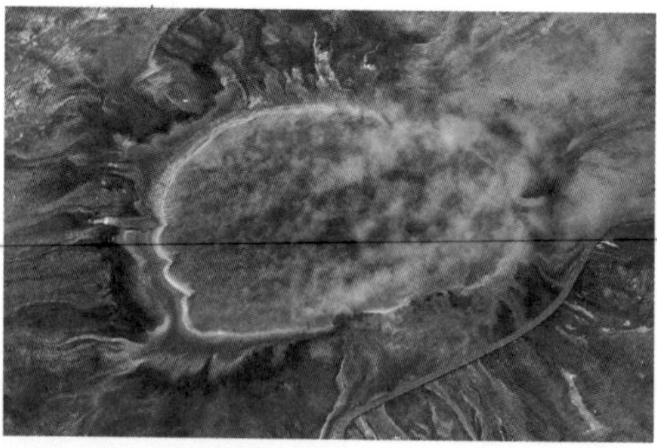

黃石國家公園的大稜鏡溫泉

超嗜熱菌能夠活在如此炙熱的地方，或許就是因為與原始生命體非常相似，所以很適合生命誕生時的地球環境。

能夠生存在極端環境的微生物又名叫嗜極生物（Extremophile）。除了能容忍極端溫度的細菌外，還包含嗜鹼性細菌、嗜鹽菌、耐冷細菌、抗輻射細菌等。

嗜鹼性細菌喜歡在高pH值的環境下生長。就算是像pH值超過12這種能夠腐蝕掉我們皮膚的強鹼環境，還是有微生物可以存活成長。另外，人們甚至發現了0℃以下也能生長的耐冷細菌，更有報告指出，有能在零下20℃存活的微生物。在嗜鹽菌中，也有能在食鹽含量超過20％的溶液中生存的微生物，像是以色列的死海等這類鹽湖中都看得到牠們的身影。這同時意味著此類微生物是生活在食鹽濃度比醬油還高的環境。

一般而言，**每種微生物會不斷演化，讓自己更適合生存的環境，也因此得以具備獨特優勢**，在其他生物無法存活的環境下生長。

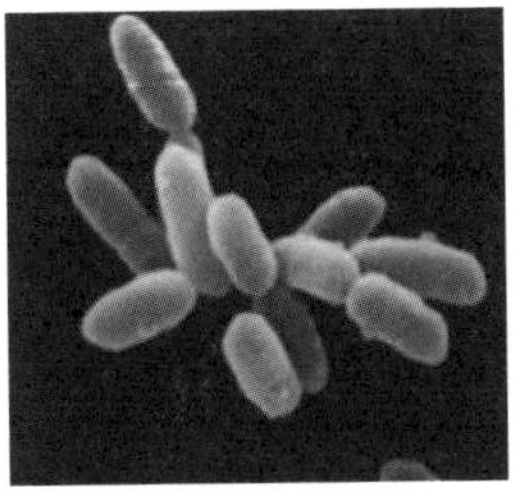

嗜鹽菌
（Halobacteria）
世界上可是有不輸給鹽分的嗜鹽菌呢。這種細菌屬於古菌，繁殖需要高濃度的氯化鈉。

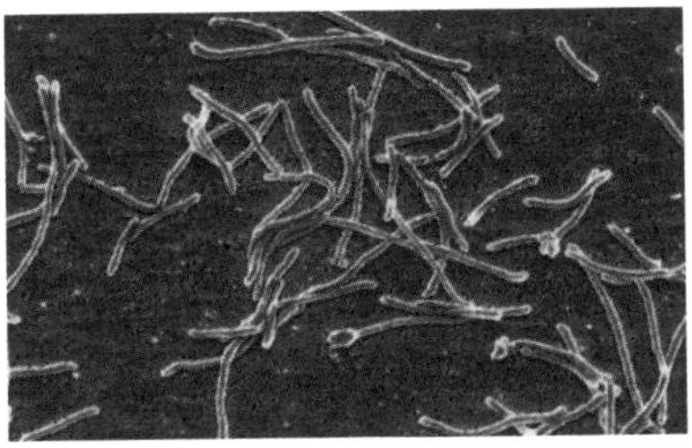

嗜熱菌
（水生棲熱菌；Thermus aquaticus）
這是在美國黃石國家公園發現的嗜熱菌，據說這種微生物的生長最適溫為45℃以上，生長極限溫度則是55℃以上。生長最適溫超過80℃以上的微生物則叫作超嗜熱菌。

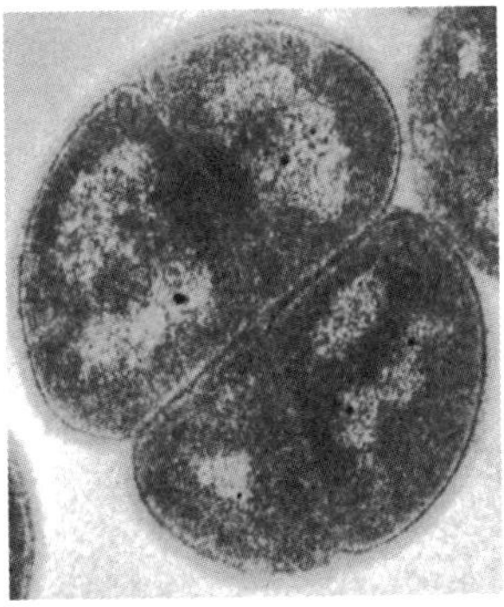

抗輻射細菌
（抗輻射奇異球菌；Deinococcus radioduran）
嗜熱菌、嗜鹽菌、抗輻射細菌全都屬於嗜極生物，這也表示其他還有像是耐鹼、耐低溫、耐乾燥、耐低壓或耐強酸的微生物喔。

09 我們一直在發現新的微生物？

的確不斷有新發現，光這十多年就增為4倍

如同前篇所述，微生物存在於地球上的每個角落。無論是叢林極深處、終年覆雪的高山、平流層、深海等自然界，還是人體的皮膚或肚子裡，到處都有微生物的蹤影。

隨著人們活動範圍的擴大，在探訪新地點的過程中也會發現微生物，所以**只要人類不斷延伸活動觸角，就可能會繼續遇見新的微生物。**還有報告指出，1g土壤裡有高達數億個微生物。

那麼，人類對於微生物又知道多少呢？

以本書在日本出版的2020年5月來說，**依照《國際原核生物命名規則》，登錄於LPSN（List of Prokaryotic names with Standing in Nomenclature）線上資料庫的原核生物數量約為19000種。**不過有人認為，此數量大約只占地球微生物總數的0.0005～1%。會這麼說是因為地球上的微生物裡，只有極少部分的微生物能夠人工培養，絕大多數的微生物都無法透過培養做進一步研究。

2007年，登錄於國際微生物聯盟的微生物數不到5000種，經過十多年的研究，目前已增加至4倍。登錄微生物時，除了必須知道微生物的大小、形狀以及利用哪些物質作為養分等生理特徵外，還要知道構成細胞膜的脂質種類、細胞壁結構等化學性狀，以及rRNA編碼的遺傳資訊排列。

遺傳資訊排列分析的進步更讓微生物的分

「The Cedars」是從蛇紋岩冒出的湧泉之一，白色部分是碳酸鈣結晶。

資料、照片：JAMSTEC（日本海洋研究開發機構）

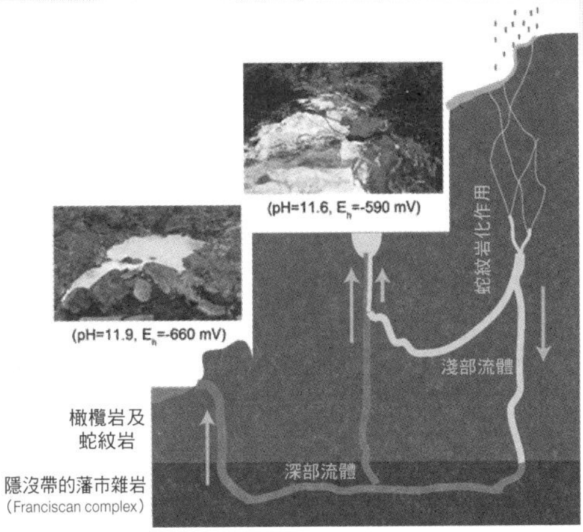

「The Cedars」蛇紋岩地下結構示意圖。岩石中的淺部與深部受蛇紋岩化作用的影響，開始流出鹼性還原水。

類技術出現顯著提升。其中不泛許多過去認為是同類型，但深入研究後卻發現其實是新物種的微生物。

美國國家生技資訊中心（NCBI）的資料庫便登錄了51萬197種細菌與1萬3529種古菌。從這個資料庫可以發現，細菌就跟人存在不同人種一樣，就算是相同的細菌種類，遺傳資訊仍有可能不同。換句話說，**即便是同種微生物群仍具備多樣性，每種微生物都擁有自我風格。**

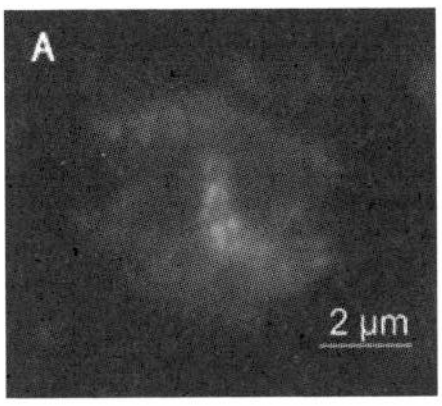

從這張顯微鏡照片可看見以螢光染劑（綠色）標示出附著在微小礦物上的CPR細菌，調查後發現此礦物有可能是橄欖岩或蛇紋岩。CPR（Candidate phyla radiation）是指候選輻射門細菌，據說是遠古就被分支出來的細菌，細胞非常小，且多半具備特殊基因。目前推測所有細菌中，至少有超過15%是CPR細菌。

看來我們發現了好多新的微生物呢。2007年登錄於國際微生物聯盟的微生物將近5000種，不過現在的數量已經是4倍了喔。

10 是誰發現微生物的呢？

是「微生物學之父」用手製顯微鏡發現了極小生物

人類自古以來便受微生物所賜，能夠製造啤酒、葡萄酒等酒精飲料，同時也學會如何做麵包，不過當初人們其實完全不知道這都是靠微生物發揮作用。**人類在17世紀首次看見微生物，據說是一位名叫雷文霍克（Antoni van Leeuwenhoek）的荷蘭人。**他是台夫特（Delft）港鎮的織物商，也是名政府官員。雷文霍克自製了放大倍率約為200倍的單式光學顯微鏡，並用顯微鏡觀察各式各樣的東西。

雷文霍克觀察了積水、雨水、湯汁、葡萄酒等不同對象物，並從中發現到以往未曾見過的微小動物。**他將這些生物稱為「Animalcule」，其研究更成了世界上首次提到微生物存在的報告。**

雷文霍克用素描畫出觀察到的微生物模樣。當時，英國正好成立了皇家學會，雷文霍克便持續將這些繪圖寄給皇家學會，使其得以於1680年晉身會員。

從素描可以發現，雷文霍克觀察了原生動物、藻類、酵母菌、細菌等許多物體，他甚至還看見原生動物產卵的過程。**這些成就也讓雷文霍克獲得「微生物學之父」的稱號。**

雷文霍克究竟是個怎樣的人物呢？其實，雷文霍克與畫家維梅爾（Vermeer）都出生於台夫特。據說維梅爾死後，是由雷文霍克負責管理維梅爾的遺產。另外，**維梅爾的畫作《地理學家》和《天文學家》可能就是在畫雷文霍克。**仔細觀察的話，會發現兩幅畫中的學者容

安東尼・馮・雷文霍克肖像畫

雷文霍克1632年10月24日生於荷蘭台夫特，1723年8月26日過世，享壽90歲。

維梅爾繪製的《天文學家》

畫中主角可能是雷文霍克。維梅爾過世後，由雷文霍克負責管理遺產。甚至有人認為，雷文霍克透過顯微鏡觀察後描繪的各種畫作其實都出自維梅爾之手。

貌極為相似。

坐落荷蘭萊登大學旁的布林哈夫博物館（Museum Boerhaave）展示著雷文霍克的顯微鏡，另外也有販售顯微鏡複製品的伴手禮呢。

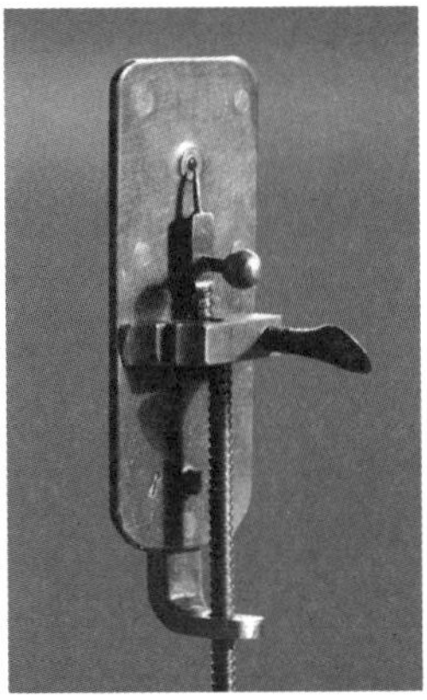

雷文霍克的顯微鏡（複製品）

照片：Jeroen Rouwkema

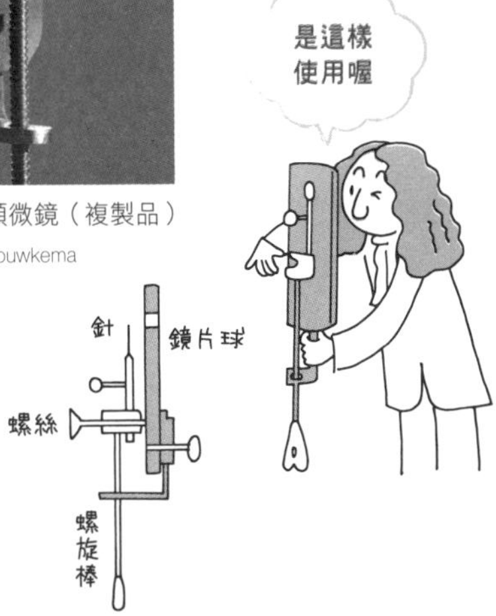

專欄

顯微鏡的起源之說

據說顯微鏡是1590年荷蘭米德爾堡眼鏡製造商漢斯．詹森（Hans Jansen）之子薩加利亞．詹森（Zacharias Janssen）發明的。薩加利亞發明了使用兩個鏡片的複式顯微鏡，不過當時並未運用在科學研究上。

望遠鏡的發明則是起源於1608年，據說當時住在詹森家附近的另一間眼鏡製造商漢斯．利普塞（Hans Lippershey）和法蘭克（Franeker）大學的教授梅提斯（Adriaanszoon Metius）爭相申請望遠鏡的專利，不過因為時間點重疊的關係，兩人皆未取得專利。

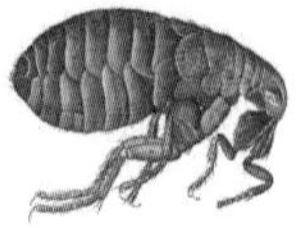
虎克描繪的跳蚤

隔年，伽利略也自製了望遠鏡，並為天文研究帶來許多成果。

顯微鏡在科學上的貢獻則首見於1658年，荷蘭人簡．斯旺默丹（Jan Swammerdam）藉由顯微鏡觀察了蝴蝶的變態與初次看見紅血球的存在。其後，義大利的瑪爾比基（Marcello Malpigh）在1660年用顯微鏡發現了青蛙肺部的微血管。1665年，同為建築師與博物學家的英國人羅伯特．虎克（Robert Hooke）則是用自製的複式顯微鏡（放大倍率約150倍）觀察動植物，並發行了《微物圖誌》，書中插畫的精細程度更對各界帶來莫大震撼。

接棒虎克的則是雷文霍克。即便他發明的顯微鏡只是單式顯微鏡，放大倍率卻超過200倍，比虎克的複式顯微鏡還高。雷文霍克用了這台顯微鏡，成了世界上首位發現微生物的人，並自1673年起，持續將觀察結果寄送給皇家學會。

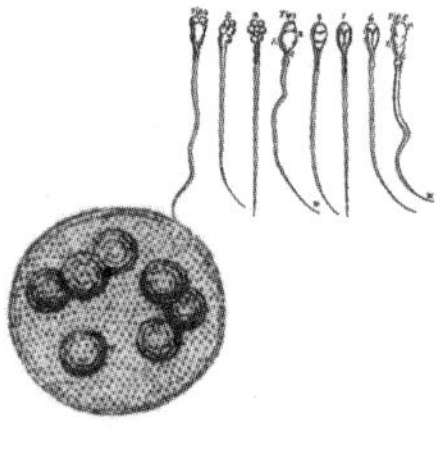
雷文霍克畫下觀察到的水中微生物／綠藻（左，1674年）與人、狗的精子（右，1677年）。

出處：顯微鏡的歷史／JMMA日本顯微鏡工業會

不過，我們必須等到雷文霍克之後的200年，也就是巴斯德（Louis Pasteur）登場後，才知道微生物扮演著怎樣角色，相關內容將於PART3-13詳細介紹。

PART 2

微生物和人類生活在一起是真的嗎？

01 身體裡有常駐菌是真的嗎？

與人類擁有良好關係的微生物會形成抵抗力

微生物存在每個角落，就連我們的身體也不例外。**在你我的身體裡活著許多微生物**，包含了皮膚、肚子、嘴巴、鼻孔、頭髮等各個地方。

其實，**我們的身體構造就像竹輪**。這樣的說法聽起來或許很不知所云，但我想表達的是，身體表面相當於竹輪的炙燒處，竹輪的兩個開口就是嘴巴和肛門。那麼身體內側相當於竹輪白色的部分，除此之外都屬於外側。

當微生物入侵身體內側（竹輪白色的部分）時，人就會生病。不過，身體外側（竹輪表面與開口表面）其實存在著許多微生物。

存在於健康人體上的同一部位，以菌落（Colony）形式生存且**和人類擁有良好共生關係的微生物名叫常駐菌**。常駐菌的種類非常多樣，**也會依棲息的身體部位、對象年齡、性別、居住地、氣候、生活習慣等各種因素有所變化**。這些常駐菌群多半由數種微生物組成，但也有微生物種類為十多種或數百種菌落。

常駐菌可能使我們生病，有時卻也能夠保護我們，使我們遠離致病微生物的攻擊。小嬰兒在母親胎內時為無菌狀態，不過一生下來就開始與微生物共存。有報告指出，老鼠如果在實驗中以無菌狀態生長的話，壽命將會是平常的1.5倍。但是，在無菌環境下長大的老鼠會有免疫系統發展不完全的情況，對於傳染病較缺乏抵抗力。

人類竹輪說

人的消化系統器官從嘴巴到肛門就像是一條空洞，所以被形容成竹輪。既然是一條竹輪，生病時當然也會相互影響，常出現口內炎的人腸胃也較容易發炎，聽說還很容易長痔瘡喔。因為是頭尾相連的消化器官（竹輪），所以口腔不健康的話，肛門的狀態當然也不會太好啦。

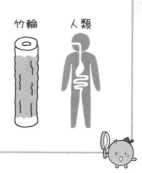

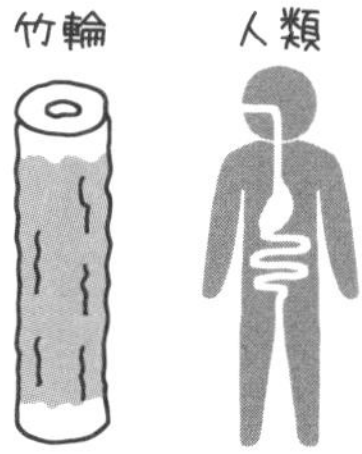

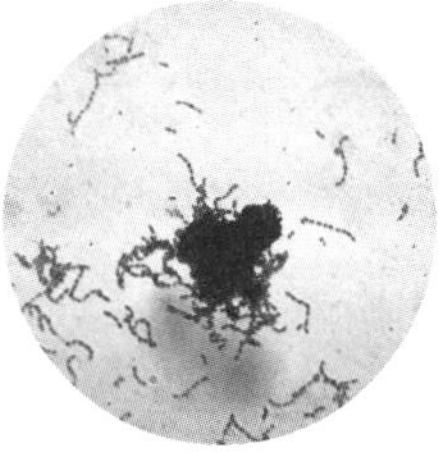

轉糖鏈球菌
（Streptococcus mutans）

嘴巴裡有7百多種菌類，總數超過1千億個呢！這種菌會形成牙菌斑（Plaque），造成蛀牙或牙周病，所以睡前一定要刷牙喔。

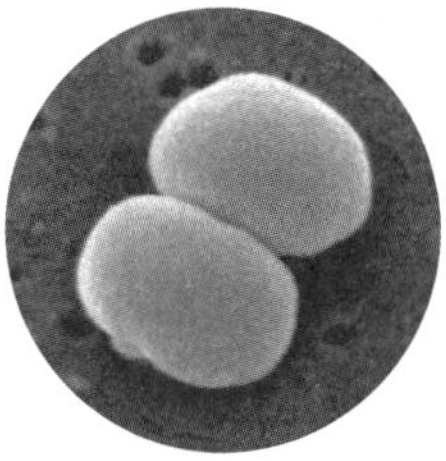

表皮葡萄球菌
（Staphylococcus epidermidis）

微球菌、馬拉色菌、念珠菌、白癬菌，還有會造成面皰、位於皮脂腺的痤瘡丙酸桿菌（Propionibacterium acnes）其實都是常駐於皮膚的菌類。不過，表皮葡萄球菌可是能讓皮膚維持弱酸性，抑制黃色葡萄球菌、痤瘡丙酸桿菌的繁殖和氣味呢。

腸道裡的比菲德氏菌、乳酸桿菌屬於好菌；產氣莢膜梭菌、脆弱擬桿菌為壞菌；非病原性大腸桿菌、擬桿菌則是伺機菌，據說好菌、壞菌、伺機菌的占比分別是2：1：7喔。

對了，好菌能維持身體健康、預防老化，壞菌會對身體帶來負面影響，伺機菌則是身體健康時不會有影響，變差時會帶來壞處的菌類呢。

腸內菌叢（intestinal flora）

用顯微鏡窺探腸道的話，會發現肚子裡看起來就像植物團團簇生，彷彿一片花田（flora）。

腸內菌叢能將無法消化的食物轉換成對身體有益的營養物質，活化腸內免疫細胞，避免病原菌的攻擊，所以維持腸內菌叢的平衡可說非常重要呢。

02 微生物會製造體味是真的嗎？

皮脂、汗水、汙垢會使微生物增生，產生氣味

人會發出許多氣味，像是吃了大蒜後會有口臭味，常吃辛香料的話身體會散發辛香料氣味，甚至有人會飄出花香味。**這些其實都是微生物產生的氣味。**

在炎熱的夏天跑步後會流大量汗水，這些汗來自**小汗腺**（又稱外分泌汗腺），基本上沒有味道。**汗有99%的成分是水，水中含有鹽分與胺基酸。**不過，**如果汗水、皮膚表面汙垢以及濃縮後的汗水胺基酸同時存在，就會使皮膚表面的細菌增生，產生醋酸與異戊酸，成了酸臭味的原因。**腳底也有許多小汗腺，**腳臭與襪臭味便是醋酸和異戊酸混合後的氣味。**

腋下有**大汗腺**（又稱頂漿腺），從中流出的汗水**除了水分，還挾帶著蛋白質、脂質、脂肪酸等成分。常駐菌的葡萄球菌會將汗水裡的脂肪酸轉換成3-甲烯-2-己烯酸，所以才會有狐臭。**其實，**普遍認為這個從汗水形成的氣味原本能夠吸引異性，具備類似動物費洛蒙的功用。**

頭部的皮脂腺也很發達，同樣會分泌大量脂質。**分泌的脂質含長鏈脂肪酸，這種脂肪酸會轉換成戊醛、庚醛等醛類或異戊酸、異丁酸、戊酸、己酸等低級脂肪酸（短鏈脂肪酸），其中夾雜著吲哚（indole）等物質，所以才會形成獨特的氣味。**

另外，還有一種伴隨年紀增長會形成的加齡臭（老人味）。這是因為年紀愈大，十六烯酸這類皮脂中的不飽和脂肪酸會增加，接著氧

化變成2-壬烯醛（2-Nonenal）所造成，**但目前還不知道是否和微生物有關聯。**

小汗腺與大汗腺

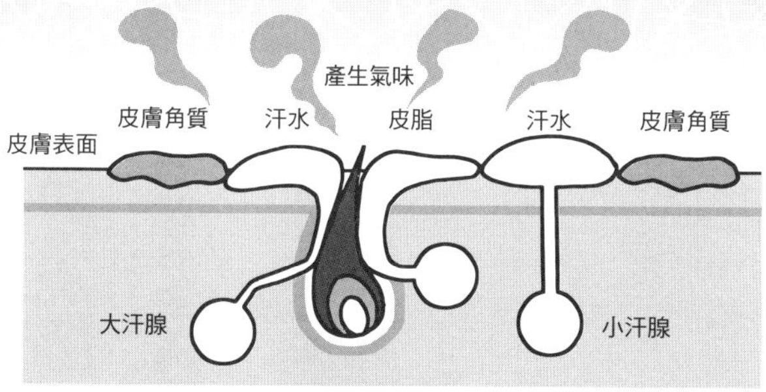

插畫參考：藥品與健康情報局／DAIICHI SANKYO HEALTHCARE CO.,LTD.

為什麼會有體味？一般而言是因為住在皮膚裡的常駐菌分解了汗水、汙垢和皮脂所含的成分，所以會從身體散發出氣味。上面的插畫說明了氣味是如何產生的。

小汗腺與大汗腺

資料參考：藥品與健康情報局／DAIICHI SANKYO HEALTHCARE CO.,LTD.

	小汗腺	大汗腺
分布位置	分布於全身，尤其手掌與腳底的數量較多。	腋下與生殖器官周圍。
成　分	包含了氯化鈉、鉀、鈣、乳酸、胺基酸，但水分占了99%左右。	水、蛋白質、脂質、脂肪酸、膽固醇、鐵質等。
功　能	調節體溫等。	體味，展現性感。
特　徵	緊張或體溫上升時會流汗。剛流汗時並無氣味，但隨著時間的經過，會開始附著汙垢、孳生細菌，並產生味道。	進入青春期後，大汗腺的活動會變旺盛，散發獨特氣味。當氣味太過強烈時就會變成狐臭。

氣味強烈的主要部位

	特徵	主要氣味成分
腋　下	腋下有許多大汗腺，同時存在著大量皮膚常駐菌。	腋下特有氣味來源的3-甲烯-2-己烯酸、乙烯酮嗆鼻的氧化味。
腳　底	腳底的大汗腺量是背部或胸部的5～10倍，且角質較厚，穿著鞋襪後更容易悶住。	會讓腳底散發出獨特氣味的異戊酸和醋酸等。
頭　皮	頭皮的皮脂腺發達，角質細胞剝落容易形成頭皮屑，且毛髮也會吸附或集結氣味。	醛類、異戊酸、戊酸、異丁酸、己酸等會使頭皮和頭髮散發氣味。

皮膚有著會分泌皮脂的皮脂腺和能夠出汗的汗腺。
皮脂腺能讓皮膚保溼避免乾燥，
汗腺則會使汗水蒸發，讓體溫下降。

03 洗澡時用力搓身體有害皮膚是真的嗎？

太用力清洗會破壞皮膚常駐菌的屏障（barrier），讓病原菌有機可乘

聽說人的皮膚存在著1千種皮膚常駐菌。

據基因序列分析的研究指出，目前已知**這些細菌大多為變形菌、放線菌、厚壁菌或擬桿菌其中一類**，占比分別是90%、5.6%、4.3%及1%以下。

另外也有報告提到，截至目前為止從皮膚採集到的細菌主要為**表皮葡萄球菌（Staphylococcus epidermidis）和痤瘡丙酸桿菌（Propionibacterium acnes）**。不過透過全新的解析法發現，其實這些細菌的存在占比低於5%，也就是說皮膚上還存在著許多用一般方法無法培養出的細菌。

不同的皮膚常駐菌分別存在於不同位置。像是**脂質較多的部位會以P.acnes、S.epidermidis等放線菌或厚壁菌為主，潮溼部位則較常出現厚壁菌中的Staphylococcus或棒狀桿菌，乾燥的皮膚中則會棲息著同時見於腸道的變形菌門細菌，或擬桿菌中的黃桿菌（Flavobacteriales）等。**

這些細菌會吃掉皮脂，分泌脂肪酸，讓皮膚維持弱酸性，避免病原細菌入侵。另外還會釋放抗菌肽，預防其他細菌的入侵。所以用抗菌肥皂清洗皮膚時，會殺死這些常駐菌。**如果用力搓洗皮膚，常駐菌形成的屏障也會遭到破壞。**

話雖如此，即便我們從外面返家後洗了手，常駐菌還是能從未清洗到的部分復活，並形成新的屏障。**但是，太用力搓洗的話不只會**

破壞屏障，還會使皮膚表面受損，甚至讓病原菌得以入侵。因此洗淨全身時的施力必須適中，記得要儘量減少刺激。

住在皮膚的常駐菌

這些細菌都是皮膚的常駐菌，住在人的皮膚裡。牠們會吃掉皮脂，分解脂肪酸，讓皮膚維持弱酸性喔。

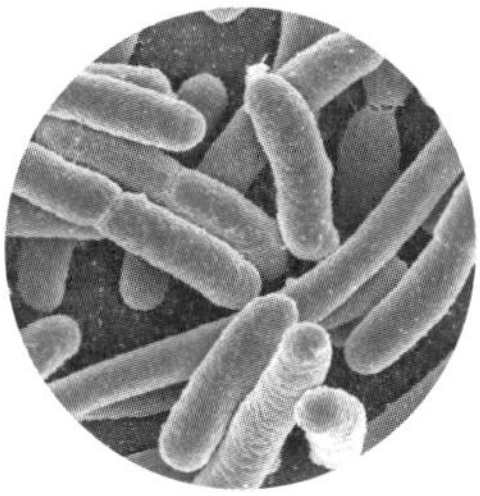

變形菌

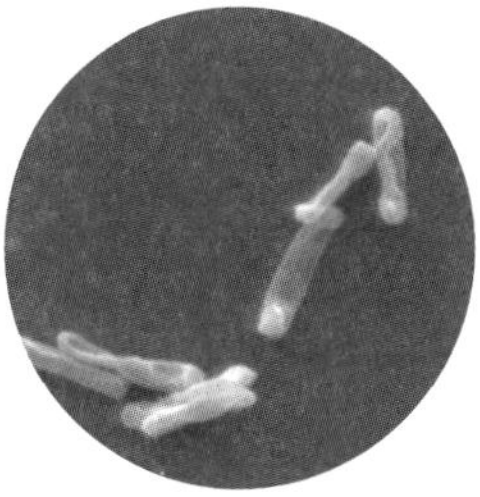

厚壁菌

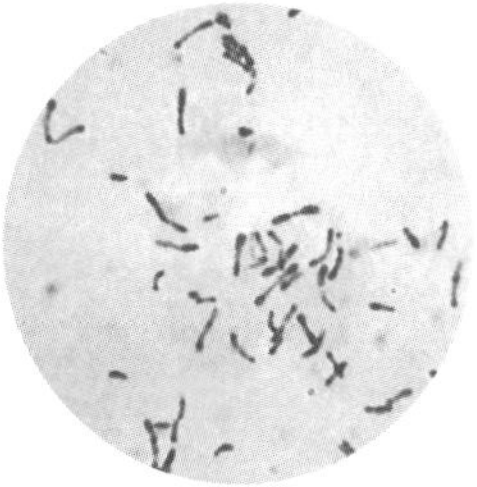

棒狀桿菌

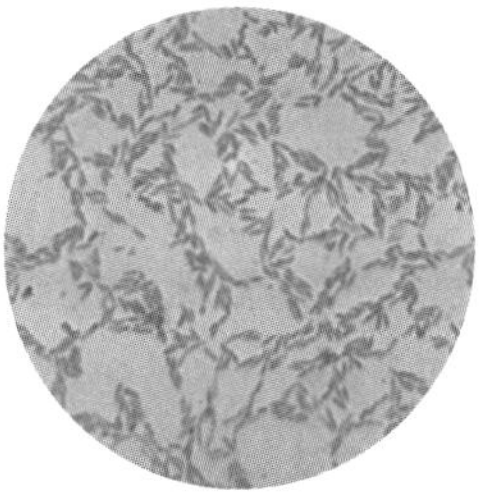

擬桿菌

皮膚處於弱酸性的話，不僅能減少病原細菌入侵皮膚，還能讓皮膚細胞產生胜肽，有助增生、活化抗菌皮膚細胞，預防細菌入侵。

千萬別用力搓洗身體！

皮膚常駐菌裡的表皮葡萄球菌住在角質層中，能預防病原性的黃色葡萄球菌和真菌繁殖，所以千萬不能用抗菌肥皂洗掉這些保護皮膚的常駐菌喔。各位一定要記住，用力搓洗會破壞常駐菌形成的屏障，同時也會傷害皮膚表面，甚至讓病原菌得以入侵。清洗身體時，減少刺激可是很重要的呢！

04 腸內的細菌數多達1百兆個是真的嗎？

腸內細菌的總重量可是相當於2kg的米袋

據說人體腸內有著多達數千種、總數超過1百兆的細菌。這樣計算下來的話，**每個人所擁有的腸內細菌重量可達1．5～2kg**。這些菌並不是漫無目的地在腸內生長，每種細菌會在某些特定的位置形成菌群生長，這種群體名叫**腸內菌叢**。一旦腸內菌叢形成後，基本上就會變成固定菌，其後與食物一起進入體內的病原菌將無法入侵，並遭已經形成菌叢的資深腸內細菌排除。

食物吃下肚，通過胃部後，會行經十二指腸、空腸、迴腸（截至此處皆為小腸）、大腸。胃部有胃酸，每1g內容物中存活下來的細菌數頂多就10個，但**來到十二指腸與空腸後，會分別增加至1千～1萬個左右；進入迴腸後更開始激增，每1g內容物將出現數千萬～數億個細菌；大腸甚至存活著1百億～1千億個細菌。**

除此之外，腸內其實還存在著大量死菌。十二指腸附近會有和食物一起進入體內的氧氣，所以乳酸菌等氧氣耐受性較佳的兼性厭氧菌相對有優勢。然而，來到幾乎沒有氧氣的大腸環境後，像比菲德氏菌這類氧氣耐受性較差的專性厭氧菌就會增加。**由超過千種微生物形成的腸內細菌絕大多數都屬於厭氧菌，其中的30～40種細菌就幾乎涵蓋了所有的菌叢。**

人出生前處於無菌狀態，出生那一瞬間才開始與細菌共存。**比菲德氏菌（Bifidobacterium屬）在嬰幼兒時期較有優勢，所以腸內菌叢相**

當穩定。不過進入斷奶期後，擬桿菌（Bacteroidetes屬）、真桿菌（Eubacterium屬）會增加。過了中年期後，比菲德氏菌就會開始減少，產氣莢膜梭菌（Clostridium perfringens）增加。

比菲德氏菌能在大腸形成乳酸與醋酸，調整腸道環境。不過，**產氣莢膜梭菌是一種腐敗菌**，會將胺基酸轉換成氨、胺、苯酚等有害物質。產氣莢膜梭菌增加也被認為會造成腸道老化，一旦體內出現無法處理掉的有害物質量，就會對全身帶來影響。

聚焦腸內細菌

照片來源：養樂多中央研究所

人體腸內棲息著種類為數千種、總數超過1千兆個的細菌，重量也有1.5～2kg。這些細菌名叫腸內菌叢，會形成許多群體，生活於腸道內。就讓我們聚焦腸內細菌，看看牠們有哪些特徵和作用吧。

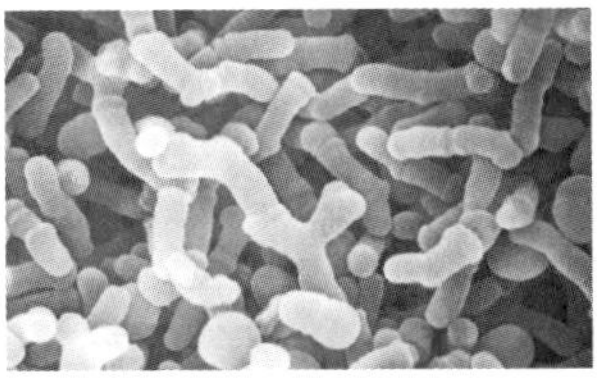

比菲德氏菌 Bifidobacterium bifidum

比菲德氏菌會利用乳糖與寡糖製造乳酸和醋酸，讓腸道維持在低pH值狀態，這樣就能抑制腸內伺機菌感染。這個細菌看起來就像V或Y會分岔，所以剛開始是從希臘文中意思為分歧的「bifid」命名為Bacillus bifidus，這也是比菲德氏菌名稱的由來。

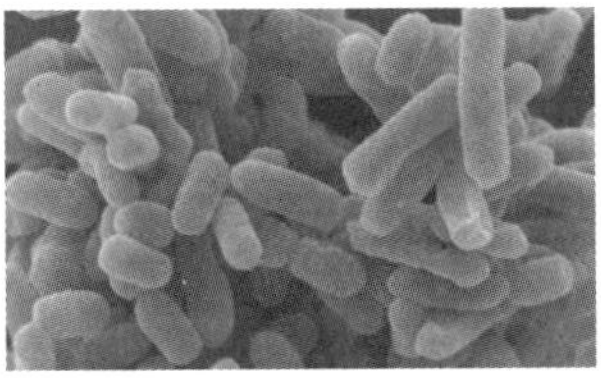

脆弱桿菌 Bacteroides fragilis

為革蘭氏陰性球菌中的專性厭氧菌，牠既不會製造芽胞，也不具運動性。雖然厭氧，氧氣耐受性表現卻不錯，所以在有氧環境數個小時也幾乎不會死亡。脆弱桿菌算是優勢菌種，病原性雖然不高，但疲勞與壓力累積，抵抗力變差時，就會引發疾病。脆弱桿菌還能使盤尼西林無從活化喔。

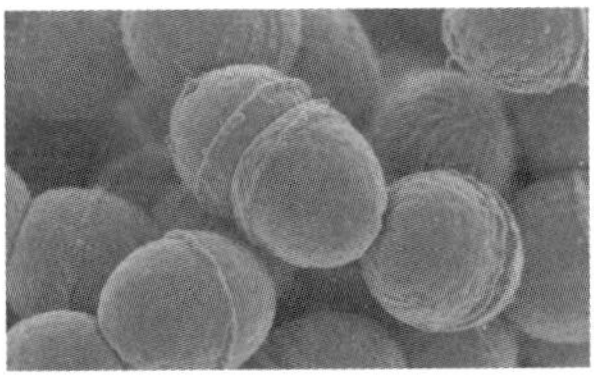

糞腸球菌 Enterococcus faecalis

為革蘭氏陽性球菌中兼性厭氧的乳酸菌，牠既不會製造芽胞，也不具運動性。牠的型態包含球菌、雙球菌、短鏈球菌，是消化器官的常駐菌。健康人的體內也住著糞腸球菌，不過這種菌可是會引起尿道感染或敗血症。糞腸球菌還帶有抗生素抗藥性，所以在疾病治療方面相當令人頭疼。

05 腸道相當於「第2大腦」是真的嗎？

腸道會生產大量讓人感到幸福的血清素

食道、胃、小腸、大腸會形成消化器官，而**消化器官的內壁又有一片神經系統，是由腸神經形成的網目狀網絡。**人體是由數億個神經細胞所構成，就算大腦沒有下達指令，消化系統還是能自律調節維持生命所需的腸道運作、分泌、血流調整等功能，所以腸道又有「**第2大腦**」之稱。

腸神經也被認為與大腦有密切關係。各位在緊張、感到壓力時，肚子可能也會跟著痛起來，這就是腦中的壓力直接對腸道造成影響的緣故。

其實腸道的功能不只有消化或吸收，**它還擁有能夠與病原菌對抗的腸道免疫系統。**當病原細菌等抗原進入腸道後，存在於腸壁的免疫器官就會與病原細菌對抗，阻止細菌侵入體內。同時還會隨時將入侵者資訊傳遞給大腦。

因此便有研究學家主張，大腦與腸道間其實是由腸內細菌扮演著傳訊的角色，**認為只要腸內菌叢狀態佳，就能讓兩者關係正常。**以過敏性腸道症候群的老鼠進行實驗後，發現當腸內菌叢出現異常時，對大腦的訊號傳遞就會跟著出現異常。

另外，我們還發現**腸道會大量產生一種讓人感到幸福的物質，叫作血清素。**某些腸內菌叢甚至與血清素的產生息息相關。

此外，還有一個研究是**以擬桿菌（Bacteroidetes屬）含量多寡區分不同女性族群為實驗對象，發現擬桿菌含量較少的組別容**

易感到不安與壓力。從這樣的結果可以推測，某些菌種含量較少可能會使人不安，或是容易感到不安的人基於某種理由會擁有較少量的特定菌種。不過，目前可知的是腸內細菌、腸道以及大腦間存在著非常緊密的連結。

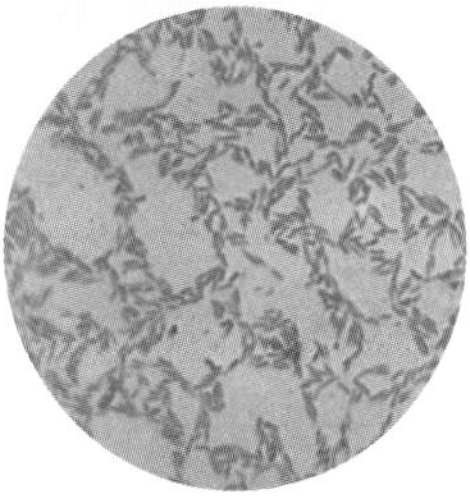

擬桿菌屬

體內擬桿菌屬量的多寡據說會讓不安與壓力的感受程度出現差異。菌含量少的人容易感到不安與壓力。

腸道的保持平衡機制

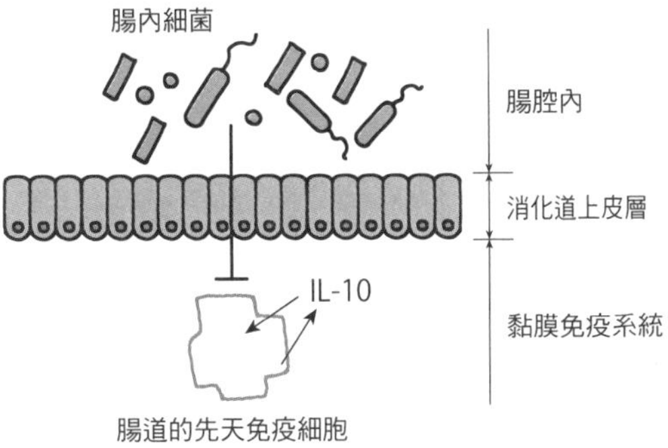

消化道的黏膜組織其實是有先天免疫細胞的。它能自行產生IL-10（介白素-10），所以不會對腸內細菌起反應，當然也不會引起發炎。IL-10是一種能抑制發炎和自體免疫反應的細胞激素（生理活性蛋白質）。

腸道是第2大腦

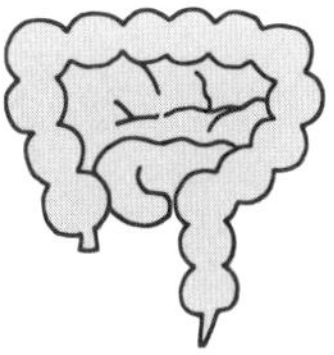

腸道具備穩態（homeostasis）機制，意指即便外界環境出現變化，還是能讓體內處於穩定的平衡狀態，並透過神經、內分泌、免疫系統的交互作用維持功能。就算大腦沒有下達指令，腸道還是能隨時自我判斷運作，所以又被稱為「第2大腦」。對了，穩態的homeostasis是源自希臘文，意指「相同狀態」。

06 蛀牙和牙周病的凶手都是微生物是真的嗎？

什麼是會引發心內膜炎和動脈硬化的牙齒疾病？

以成人的嘴巴來說，裡頭可是存在著數百種細菌，並形成口腔常駐菌叢。**每1㎖的唾液就棲息著數百萬至數億個細菌，如果是認真刷牙的人，那麼嘴巴裡的細菌總數大約會是1千億~2千億；但如果不認真刷牙，口腔內殘留牙菌斑的話，細菌數可是會高達1兆個之多。**

其中，**最有名的就是會造成蛀牙的轉糖鏈球菌（Streptococcus mutans）**。這是一種乳酸菌，附著於牙齒表面後，周圍就會開始產生一種**名叫β-葡聚糖，狀態黏稠的不溶性多糖體**，形成牙菌斑。β-葡聚糖會緊密附著於牙齒，再加上**細菌周圍會呈現厭氧狀態，開始吸收糖作為養分，並不斷製造乳酸。這些酸就會破壞掉牙齒表面琺瑯質主要成分的磷酸鈣。**一旦細菌入侵至牙齒內層的象牙質，會因為象牙**質比琺瑯質更易溶於酸，使蛀牙變得更嚴重。**

另外，**牙周病是指細菌侵入牙齦與牙齒交接的牙齦溝後，形成牙菌斑與牙結石。**一旦感**染上牙周病，就會觀察到牙齦卟啉單胞菌（Porphyromonas gingivalis）、福賽斯坦納菌（Tannerella Forsythia）、齒垢密螺旋體（Treponema denticola）等數種細菌。**

牙周病其實和多種細菌有關。一般認為這些細菌會形成生物膜（biofilm），打造組織，透過彼此共生繁殖，同時對病原性帶來影響。**牠們棲息後會開始生產破壞組織的酵素和擾亂免疫系統的物質，使牙齦發炎。**嚴重時還會變成**牙周炎**，侵蝕支撐著牙齒的骨頭，甚至失去牙齒。

母親或家人的蛀牙菌和牙周病菌還會傳染給新生兒，這些細菌**甚至有可能引發心內膜炎和動脈硬化等全身症狀**。甜食有助這些細菌的繁殖，吃完東西後刷牙能預防細菌附著在牙齒或牙齦，有助於預防蛀牙或牙周病。

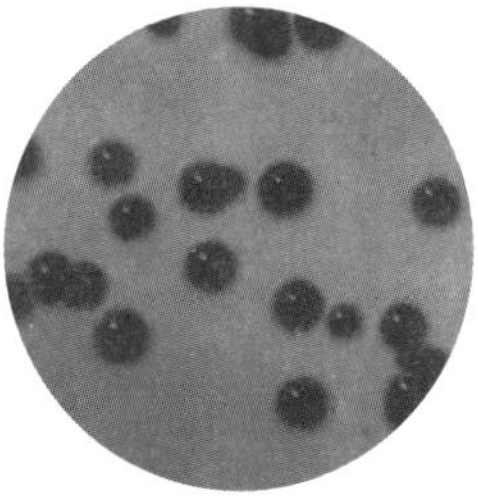

牙齦卟啉單胞菌

造成牙周病的細菌包含了牙齦卟啉單胞菌、福賽斯坦納菌、齒垢密螺旋體等。牙周病也與心臟病或肺炎有關，甚至容易罹患手指腳趾末端血管阻塞，引起發炎或潰瘍症狀的伯格氏病（Buerger's disease）與早產。

照片：日本細菌學會

蛀牙的形成過程

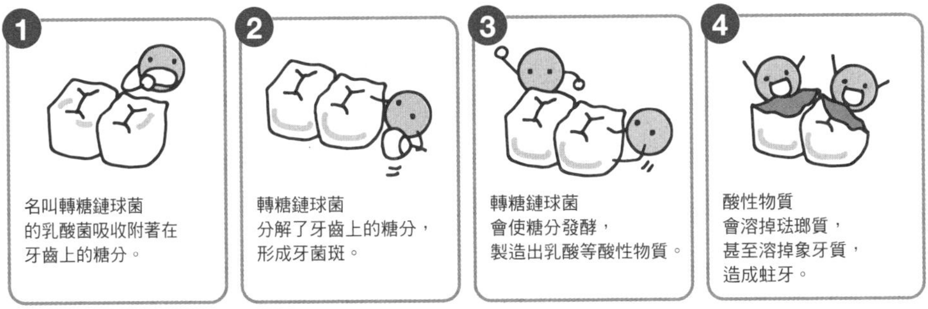
1
名叫轉糖鏈球菌
的乳酸菌吸收附著在
牙齒上的糖分。
2
轉糖鏈球菌
分解了牙齒上的糖分，
形成牙菌斑。
3
轉糖鏈球菌
會使糖分發酵，
製造出乳酸等酸性物質。
4
酸性物質
會溶掉琺瑯質，
甚至溶掉象牙質，
造成蛀牙。

無牙周病／有牙周病的牙齦與齒槽骨

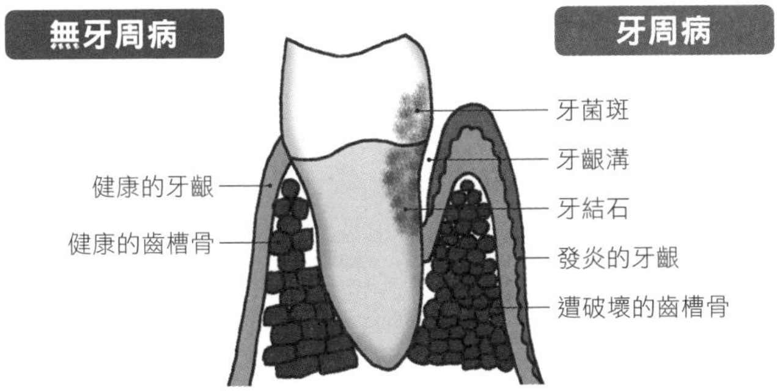
無牙周病
牙周病
健康的牙齦
健康的齒槽骨
牙菌斑
牙齦溝
牙結石
發炎的牙齦
遭破壞的齒槽骨

飯後20～30分鐘刷牙
能有效預防蛀牙。
牙間刷也很有效喔！

07 面皰也是因為微生物在搞鬼嗎？

造成面皰的痤瘡丙酸桿菌既是好菌也是壞菌

面皰是一種名叫尋常性痤瘡的慢性發炎疾病，也被認為是青春的象徵。有報告指出，10多歲的人有9成以上都曾長過面皰。這是因為進入青春期後會出現第二性徵，改變荷爾蒙平衡。毛孔深處的皮脂腺開始分泌大量皮脂，一旦皮脂過多或毛孔堵塞，**就會使毛囊皮脂腺中已大量存在且會造成面皰的細菌繁殖。**

會造成面皰的細菌為痤瘡桿菌（Cutibacterium acnes），過去的名稱為Propionibacterium acnes，但最近經過基因序列分析後，變更了分類項目，現今多以Cutibacterium acnes稱之。

這是一種皮膚的常駐菌，存在於全身，痤瘡桿菌**特別愛臉部、背部、頭部等皮脂分泌旺盛的部位，每1cm^2大約存在10萬～1百萬個痤瘡桿菌。**就算沒有長面皰的人也會存在痤瘡桿菌。

痤瘡桿菌在有氧的地方也能生長，不過實際上是**被歸類為喜愛無氧環境的兼性厭氧菌。**痤瘡桿菌**會分泌一種能夠分解脂質，名叫脂肪酶（Lipase）的酵素，這種酵素能分解皮脂裡的脂質，產生游離脂肪酸。**這種游離脂肪酸和代謝產物的丙酸其實會使皮膚表面的pH值下降，維持酸性，以抑制皮膚表面的病原菌增生。不過，**一旦痤瘡桿菌在毛孔這類密閉空間大量繁殖，游離脂肪酸以及來自痤瘡桿菌的補體活化因子和化學性趨化因子都會讓發炎情況加劇，使面皰變嚴重。**

另外，目前我們也已知痤瘡桿菌和心內膜炎、敗血症、類肉瘤病等疾病相關。

所以，痤瘡桿菌雖然是能為我們的身體形成屏障的夥伴，卻也是會使我們的身體失衡、造成負面影響的壞蛋。

面皰可是這樣形成的喔

資料參考：面皰的基礎知識／大塚製藥

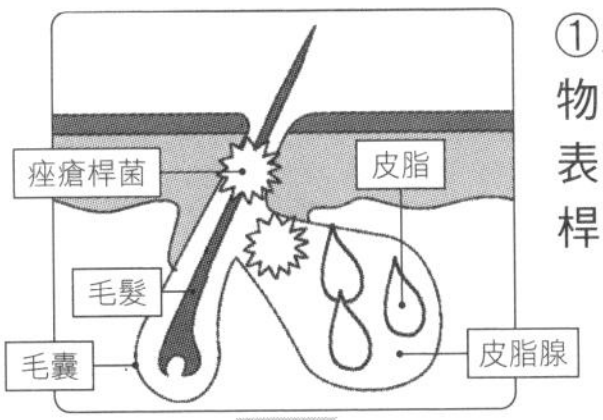

①皮脂腺會分泌皮脂（油狀物質），透過毛孔排出皮膚表面，但毛孔裡卻住著痤瘡桿菌。

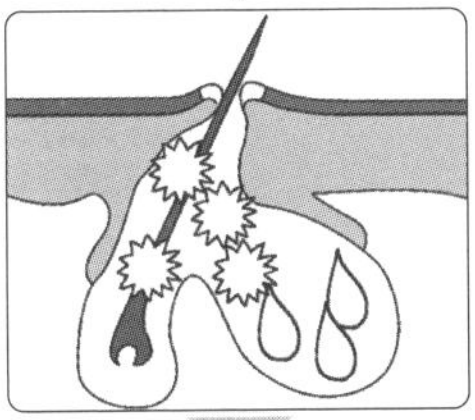

②在某些作用的影響下，當毛孔附近的皮膚有角蛋白（硬蛋白）沉澱且角質化，就會遮蓋住毛孔，使皮脂出口阻塞。

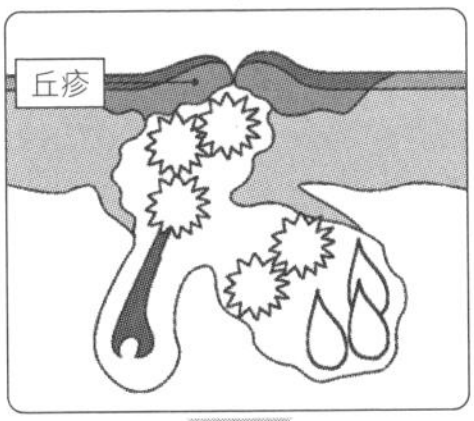

③當出口阻塞、皮脂累積，喜愛皮脂的痤瘡桿菌就會增加。痤瘡桿菌會製造許多發炎物質，使皮膚出現紅色丘疹。

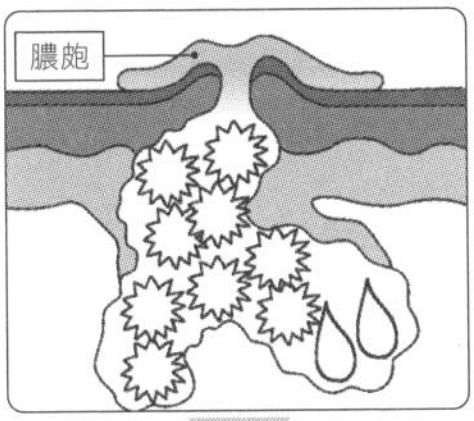

④持續發炎的話，毛孔出口就會破裂，使發炎症狀擴散開來，形成化膿的膿皰。

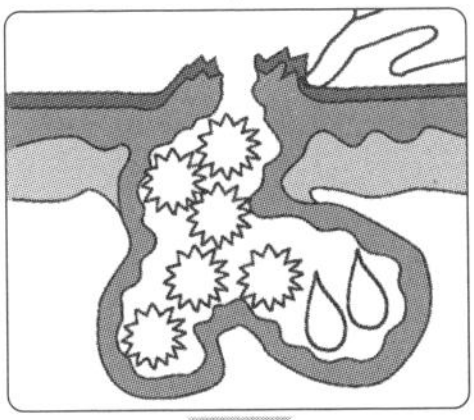

⑤如果從外部施予刺激，破壞變成膿皰的面皰，反而會使面皰惡化。

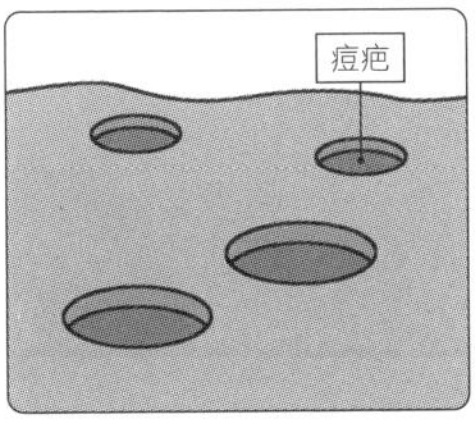

⑥惡化的面皰就算治好也會留下痘疤，所以千萬別做觸摸或擠壓等會刺激面皰的動作！

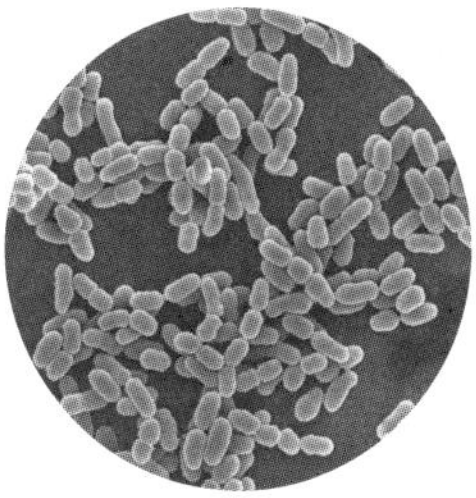

痤瘡桿菌

面皰是痤瘡桿菌這種微生物的傑作。痤瘡桿菌是不愛氧氣的兼性厭氧菌。面皰在醫學上其實就是指「尋常性痤瘡」這種皮膚病。痤瘡桿菌為皮膚常駐菌，特別喜愛油性臉、背部、頭皮等部位，皮膚每1cm^{2}大約會存在10～100萬個的痤瘡桿菌。

照片來源：日本美伊娜多化妝品公司

08 足癬和金錢癬都是微生物害的嗎？

白癬菌會在身體高溫潮溼處繁殖

到了夏天，會讓人特別癢的足癬和金錢癬常見於習慣穿皮鞋的父親或運動選手身上。**其實足癬和金錢癬都是白癬所引起的真菌病。會引起白癬的菌名叫白癬菌**，白癬**長在腳的話稱作足癬，長在鼠蹊部的叫作股癬，發生在鼠蹊部以外的則叫體癬**，這些疾病統稱為乾癬。另外，**長在毛髮的白癬菌為頭癬，感染部位為指甲的話稱為甲癬（灰指甲），長在手部就是手癬。**

白癬菌屬於黴菌，包含40多種致病菌，**紅色髮癬菌（Trichophyton rubrum）和鬚瘡毛癬菌（Trichophyton mentagrophytes）是日本常見的白癬菌**。另外還發現了好發於格鬥技選手身上，造成頭癬的**斷髮毛癬菌（Trichophyton tonsurans）**，以及以貓為感染源，同樣會造成頭癬的**犬小芽胞菌（Microsporum canis）**、感染途徑為土壤的**石膏樣小芽胞菌（Microsporum gypseum）**等10多種致病菌。

這些白癬菌都是攝取一種名為角蛋白的蛋白質為養分，**角蛋白也是我們皮膚角質與毛髮的成分**，所以白癬菌能在身體的任何部位生長。大片汗水等高溫潮溼的環境持續太久，以及不衛生的皮膚表面都很容易孳生白癬菌。

足癬則可分為長在腳底，尤其是足弓處的**水泡型**，腳趾趾縫的皮膚糜爛或裂開的**趾間型**，還有腳跟等腳底處變硬的**厚皮型**。金錢癬則會蔓延隆起的環狀紅疹。

白癬菌是真核生物，用抗生素這類抑制細

菌繁殖的藥物並不會有效果。白癬菌擁有和我們一樣的細胞構造，所以必須選用專門處理真核微生物的抗真菌藥。這類藥物會對細胞膜產生作用，使細胞膜的功能出現障礙，改變細胞膜的結構，甚至還能阻礙細菌形成正常的細胞壁。

不過，就算治好了足癬，還是很容易復發。因為附著了白癬菌的皮屑可能掉在家中地板的某個角落，或是附著在拖鞋、地毯上，那麼皮膚就會再次受感染。

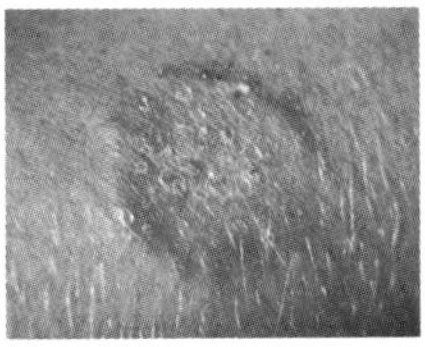
出現在手臂的金錢癬

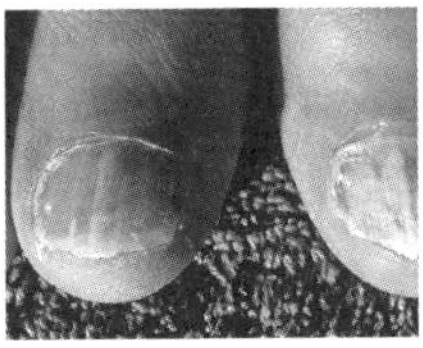
長在指甲的甲癬

不同症狀的足癬

類　型	特　徵
趾間型	趾間的皮膚會出現白色糜爛，變得潮溼脫皮，是最常見的足癬類型。
水泡型	足弓附近或腳底邊緣出現許多小水泡，最後水泡會破掉、皮膚剝落。
厚皮型	腳底硬化變厚，甚至出現龜裂，是較少見的足癬類型。

容易感染足癬的地點

造成足癬或金錢癬的細菌是名叫白癬菌的黴菌，種類大約有40多種。據說這是因為土壤菌在不知不覺間開始吸收人類皮膚最外側角質成分的角蛋白作為養分並不斷繁殖。白癬菌附著在皮膚後不會立刻浮現表面，所以其實沒那麼容易傳播出去。最危險的情況是家中有人帶著足癬菌，那麼細菌就會隨著脫落的皮屑散至地面，其他家人每天踩踏的話便有可能受感染。

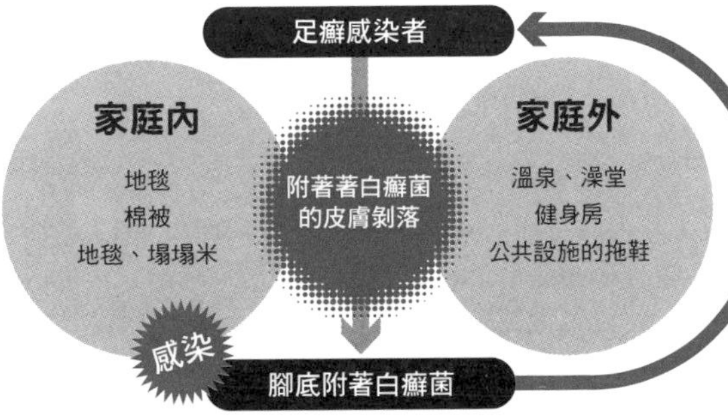

09 念珠菌感染也是因為微生物嗎？

免疫力下降時會開始發動攻擊的伺機性感染菌

感染念珠菌時，皮膚或黏膜等潮溼處會出現紅疹，甚至伴隨強烈的癢感與刺痛感。發病位置並不固定，有可能是腋下、小腹形成的皮膚皺摺處、肚臍、口中、食道、男女生殖器官等處。

造成念珠菌的原因是**念珠菌屬（Candida）的病原性酵母**，其中**又以白色念珠菌（Candida albicans）最為常見**。白色念珠菌是會出現在消化道的常駐菌，基本上不會對人體帶來危害。不過，當壓力或某些未知的因素導致免疫力變差時，念珠菌就會開始在黏膜與潮溼的皮膚過量繁殖。像是氣候高溫潮溼、衛生狀態不佳、未更換尿布或內褲、懷孕、肥胖、糖尿病、HIV感染、服用免疫抑制劑、使用抗菌藥物等都可能誘發念珠菌。而這種引起感染的細菌又叫**伺機性感染菌**。

白色念珠菌是知名的雙相酵母菌。在一般的培養皿培養時，會長成像麵包酵母一樣的橢圓形，並**透過出芽繁殖**。不過，**受到血清存在、溫度、pH值、二氧化碳等影響，白色念珠菌會開始生長成絲狀菌的菌絲型**。

當白色念珠菌以常駐菌狀態存在於人體消化道時，會以酵母型態生長。不過侵入組織後，就會同時看見菌絲型與酵母型的白色念珠菌。

另外，動物實驗中也發現當白色念珠菌從酵母型變成菌絲型就會引發感染，研判菌絲型白色念珠菌與病原性有所關聯。

什麼是念珠菌感染？

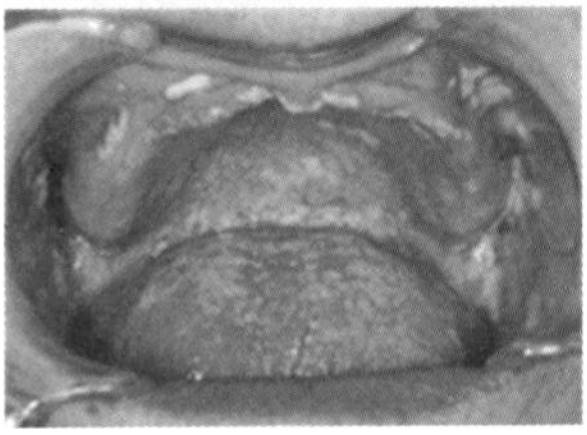

口腔念珠菌病

照片：公益社團法人日本口腔外科學會

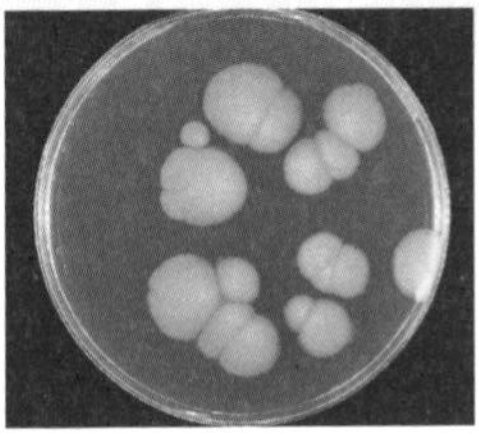

以寒天培養皿培養出的白色念珠菌

念珠菌感染是指念珠菌真菌引起的皮膚傳染病，會出現在身體各個部位。較常見的部位有口腔內、食道、皮膚、陰道等。念珠菌其實又可分成許多種類，像是C. albicans、C. glabrata、C. parapsilosis、C. tropicalis等，不過念珠菌感染多半是由C. albicans（白色念珠菌）所引起。念珠菌是伺機性感染菌，當身體狀況變差時，就會從任何一個部位現身，是有危險性的疾病喔。

什麼是女性生殖器官念珠菌炎？

女性應該都很討厭長在生殖器的「陰道念珠菌感染」。根據拜耳藥廠對確診女患者的調查，佐藤製藥製作成《陰道念珠菌感染的原因及症狀》報告並公開於網路，就讓我引用相關資料做說明。據數據顯示，每5人就有1人感染過陰道念珠菌，且近4成的女性曾經復發。其他藥廠的調查統計資料也差不多是2成的罹病率。念珠菌是伺機性感染菌，所以當患者因為懷孕、生產使荷爾蒙平衡出現變化，或因為疲勞、壓力導致感冒進而使免疫力下降的話，伺機性感染菌將會變得活躍。一旦感染了就會很不舒服，所以要多注意身體健康喔！

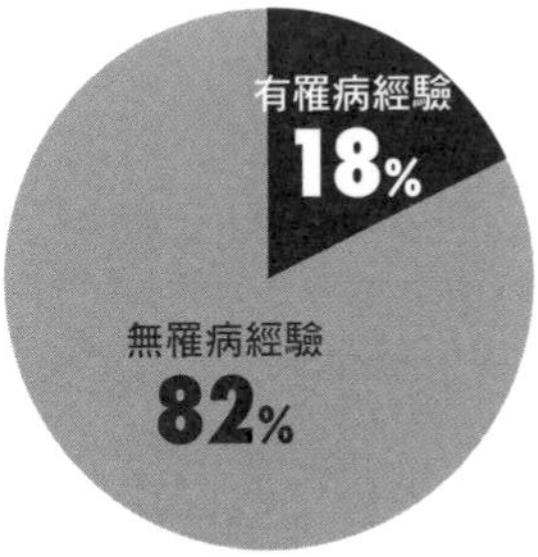

陰道念珠菌感染患者比例

資料：拜耳藥廠
16～54歲女性　n=509

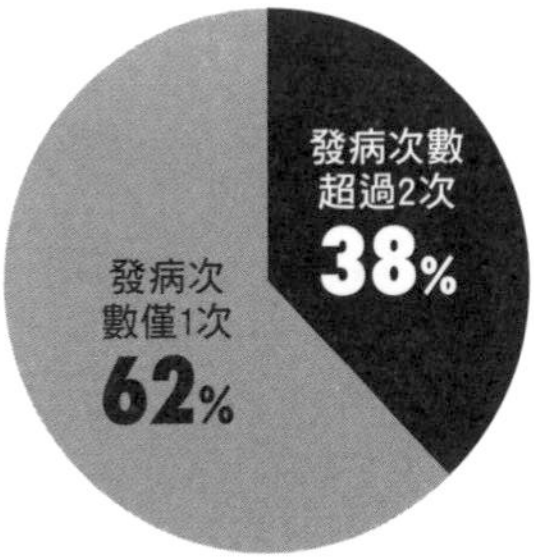

陰道念珠菌感染復發比例

資料：拜耳藥廠
16～54歲女性　n=1500

10 從大便的顏色和形狀就能知道健康狀態是真的嗎？

健康的便便介於土黃色～咖啡色，形狀像香蕉

大家每天都有排便嗎？

排便時，不妨看看自己便便的形狀，因為有時候可以看出腸內細菌的狀態與健康與否。

我們以前都認為，吃下肚且無法消化的食物會變成大便排出體外，不過現在發現，**大便裡除了有水分，絕大部分都是腸壁細胞的屍體和腸內細菌**，所以**大便的顏色跟形狀就成了能顯示腸內細菌狀態與腸道環境的指標**。

食物從小腸移動至大腸時仍為液體狀，且會持續4～15小時。變成糊狀後，會接著變成半固體狀，這個過程大約會花費15～38小時。從半固體狀變成固體狀則需12～24小時。進入大腸後，會花費整整1天甚至長達3天的時間緩慢移動。

一般而言，大便的顏色介於土黃色～咖啡色。這個顏色來自於十二指腸分泌的黃褐色膽汁。腸內細菌代謝膽汁後，大便就會變成咖啡色。若大便介於黃色～黃褐色，則表示體內的好菌處於優勢。

好菌（乳酸菌等）夠活躍的話，又會產生有機酸，讓大腸的pH值維持弱酸性，這時就能抑制膽汁分泌，大便顏色就會偏黃。

若壞菌表現較強勢，腸內pH值就會上升，那麼弱鹼性的環境會使大便顏色帶黑。這時就必須確認蛋白質是否攝取過量。

另外，出現**綠色大便有可能是罹患急性腸胃炎，紅色的話則有可能罹患大腸癌，黑色的話就要懷疑腸道是否出血**。大便的形狀也很重

要。**健康的大便會像香蕉一樣，軟度適中，且排出時為完整條狀。出現腹瀉的話就要懷疑是否為傳染病。若大便是很硬的球狀，那就有可能是膳食纖維不足或壓力造成。**

健康的腸道才能排出健康的大便。腸道要健康，就必須擁有健康的腸內細菌。多注意飲食與壓力，增加肚子裡的優質微生物，才能過上健康生活。

氣味 CHECK！

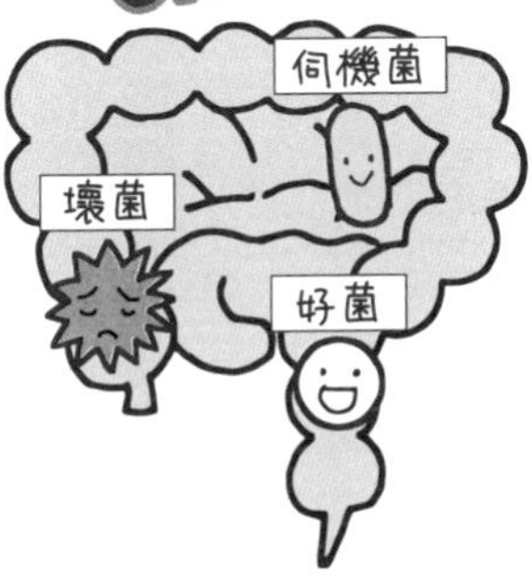

如果是一般蔬菜吃了不會有問題，但是大蒜、韭菜等氣味濃郁的提味蔬菜帶有含硫的物質，吃了可是會產生味道呢。蛋白質含量多的肉類一樣會形成臭味。還有，腸內細菌也會影響氣味喔。

顏色 CHECK！

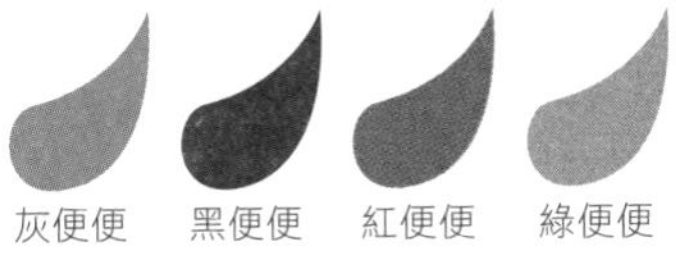

資料參考：大便自我檢測／大正製藥

從大便顏色可以知道肚子的狀況喔。正常的大便會介於土黃色～咖啡色，好菌活躍的話，甚至會呈現黃色～黃褐色呢！白色或灰色代表脂肪攝取過量，出現消化不良的狀況，也有可能是罹患疾病。黑色則代表蛋白質攝取過量或腸胃出血。紅色則有可能是大腸癌或痔瘡。看見綠色的大便就必須懷疑是否為急性腸胃炎。

便祕會讓人排便後有殘便感、脹氣或是大便太硬，排出肛門時感到疼痛。有這些情況的話，建議改善生活節奏與飲食習慣喔。

形狀 CHECK！

資料參考：布里斯托大便分類法

1	**硬梆梆**	又硬又圓跟樹果一樣。
2	**硬便**	有些塊狀相連，像香腸一樣。
3	**偏硬**	像香腸但表面龜裂。
4	**正常**	光滑柔軟的香腸狀，或是可彎曲的軟硬度。
5	**偏軟**	半固體狀的軟便。
6	**糊便**	無法成形像爛泥一樣。
7	**水便**	無固形物像水一樣的液體狀。

※1997年由英國布里斯托大學教授Dr. Heaton提倡的「大便分類法」（Bristol Stool From Scale）。

11 據說屁的成分多達4百種是真的嗎？

放臭屁是因為蛋白質攝取過量，壞菌增加的關係

據說美國太空總署（NASA）曾做過一個研究，那就是在太空船這種密室環境裡放屁的話，是否會對生活帶來影響。因為普遍認為屁中所含的可燃性氣體可能會著火。

至於結果如何呢？

很驚人的是調查後發現，**屁裡竟含有4百種成分**。後續其實也有許多和屁相關的研究成果問世，這也讓我們得知，屁基本上是沒有味道的氣體，成分多半為二氧化碳、氫、氮。

屁會臭是因為硫化氫、甲硫醇（Methanethiol）、二甲基硫醚（Dimethyl sulfide）等硫化物，以及胺基酸所形成的吲哚和糞臭素（Skatole）。

這些物質的含量雖然不到屁的1%，不過有報告指出，屁量多寡、次數和裡頭所含的成分會因人而異。**每個人一天會放屁數次到50次左右，屁量則是1百毫升～數公升不等。**

為什麼會放那麼多屁呢？

其實**這些屁大多是和食物、飲料一起進入肚子裡的空氣**。我們吃飯或喝飲料時，一定都會吞下空氣。部分空氣會打嗝釋出，但其他空氣會直接送至消化道，然後變成屁。

既然是空氣，照理說當然不會臭，但是**空氣從胃部、小腸、大腸一路前進，就會夾雜腸內細菌所產生的氣體**。

腸內細菌中，大腸桿菌和許多乳酸菌都非常喜歡糖分。牠們會分解並吸收掉人體消化不了的各種糖分，產生二氧化碳。其中較常見的

糖類為果寡糖、膳食纖維，所以養成大量攝取上述成分的習慣，乳酸菌吸收這些糖後會不斷繁殖，身體則會排出大量的二氧化碳。**當腸道存在許多好菌時，屁量就會增加**，不過二氧化碳沒有臭味，所以這種情況所放的屁並不會很臭。

只聞其味，不見其身。

美國真是個很有趣的國家。NASA做了研究，想知道在太空船這種密室環境裡放屁的話會發生什麼事，檢測後竟然發現屁裡含有400種成分呢！

人每天會放數次～50次不等的屁，屁的臭味來源是硫化氫、甲硫醇、二甲基硫醚等硫化物，以及胺基酸所形成的吲哚和糞臭素。如果是吃有含硫胺基酸的魚肉類、蛋類、豆類等蛋白質或是提味蔬菜，都會讓屁更臭。

提味蔬菜含有氣味強烈的蒜素（Allicin），可是會轉變成硫化物的呢！肉類的蛋白質、提味蔬菜的硫化物都是屁的臭味來源。好菌的大腸桿菌或乳酸菌似乎不太會分解蛋白質，不過壞菌的產氣莢膜梭菌卻很擅長。所以如果只吃肉類，產氣莢膜梭菌就會變得非常活躍，並在大腸內愈趨龐大，充滿優勢。接著就會用蛋白質中的含硫胺基酸製造出硫化氫這類臭味強烈且具揮發性的硫化物，所以屁才會那～麼臭！

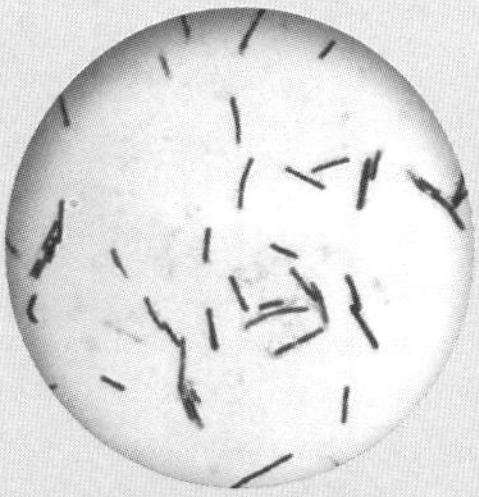

壞菌的產氣莢膜梭菌

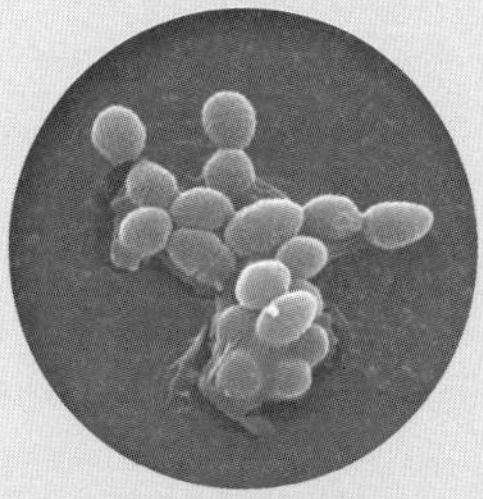

好菌的乳酸菌

那麼，為什麼會放臭屁呢？

會臭是因為食物中有含硫物質。在蛋白質裡，甲硫胺酸（Methionine）和半胱胺酸（Cysteine）都是含硫胺基酸。**微生物會代謝掉這些胺基酸，形成硫化氫、甲硫醇、二甲基硫醚等硫化物。**

另外，**韭菜、大蒜、洋蔥這些提味蔬菜裡含有氣味強烈的蒜素成分，蒜素也是含硫化合物。這種成分有助消除疲勞，卻也是屁的臭味來源。**

大腸桿菌與大多數的乳酸菌其實都不擅長分解、消化蛋白質，因為這些菌類無法製造分解蛋白質的酵素。

反觀，**大量存在於成人大腸內的產氣莢膜梭菌（Clostridium perfringens）就很會分解蛋白質。**牠會釋出大量蛋白質分解酵素，把自身周圍的蛋白質分解掉。**產氣莢膜梭菌還擁有一項其他菌種沒有的特殊能力，那就是利用胺基酸，製造能量達到繁殖增生的目的。**所以持續攝取較多蛋白質的話，產氣莢膜梭菌這類壞菌在大腸裡會比乳酸菌等好菌更具優勢，甚至還會利用蛋白質中的含硫胺基酸，製造出硫化氫等臭味強烈且具揮發性的硫化物。**當這些強烈的臭氣和連同食物一起吞下肚的空氣混合並排出體外的話，就會變成很臭的屁啦。**

蛋白質是維持你我身體的重要養分，如果因為不想放臭屁就停止攝取蛋白質的話，可是很沒常識的行為。對於放臭屁很在意的人，不妨留意一下蛋白質的攝取量。

PART3

為什麼發酵能讓食物變美味？

01 為什麼葡萄酒、啤酒、日本酒都是發酵製成？

葡萄酒的發酵方法和啤酒、日本酒的發酵方法不同

葡萄酒、啤酒、日本酒都屬於釀造酒。這些酒類皆是將原料發酵製成，不過使用的原料不同，作法也有差異。

如果是葡萄酒這類以葡萄為原料的酒類，那麼葡萄裡會含有葡萄糖與果糖。這類植物會結出甜美果實，吸引鳥類前來食用，讓種子得以被帶到遠處，留下子孫後代，所以果實必須夠甜、夠香。

反觀，啤酒與日本酒的情況就不太一樣了。**啤酒的原料是麥芽**，日本在製造啤酒時可能會添加少許的米，不過兩者都是穀物。**日本酒的原料是米**，米是穀物。穀物跟果實不同，稻粒外圍沒有甜甜的果肉。**葡萄的種子相當於米、麥。**

種子為了繁衍下個世代，會努力發芽，讓芽冒出來。把種子放在脫脂綿上，只要澆水就能發芽。不過，仔細觀察會發現，種子裡頭根本塞不進長長的根莖和大片葉子，所以種子發芽後會再長出新的根和芽。

發芽需要很多能量，這些能量來自於麥或米所含的澱粉。澱粉是由數萬，甚至數十萬個葡萄糖結合而成的巨大分子，本身並不甜。咀嚼飯的時候會逐漸變甜，是因為唾液的澱粉酶分解了澱粉，讓巨大的分子不斷變小。

酒精發酵需要用到酵母，不過酵母無法吸收掉大分子的澱粉。所以**必須先分解澱粉，將澱粉轉換為葡萄糖或麥芽糖**，而這個過程名叫**糖化**。

先糖化再發酵，或是直接將原料發酵，釀造方法本身也有很大的差異。**以葡萄酒來說，直接用酵母將果汁原料發酵的作法名為單發酵，製成的酒叫作單發酵酒。啤酒、日本酒這類需要糖化、發酵兩個步驟的酒則稱為複發酵酒。**

酒米／山田錦　照片來源：stock foto

酒米的正式名稱為「酒造好適米」，基本上顆粒會比食用米更大。製造時會先分解澱粉，進行糖化後，再用酵母讓酒精發酵。日本較具代表性的酒米包含了山田錦、五百萬石、美山錦、雄町，當然其他還有很多種，目前已登錄超過120種酒米。

像葡萄酒這類直接用酵母將果汁發酵製成的酒稱作「單發酵酒」，啤酒、日本酒這類先糖化、再發酵的酒則稱為「複發酵酒」。
因為成熟的葡萄含有葡萄糖和果糖，所以可以用酵母讓果汁發酵，製成葡萄酒。
日本會栽培二條大麥作為啤酒用大麥。東日本的栽培品種有AMAGI二条、MIKAMO Golden，西日本則有SACHIHO Golden，其他還有很多品種。製造時會先讓大麥的種子發芽，活化酵素後，再讓種子裡的澱粉糖化，形成麥芽糖。

法國／勃艮第梧玫酒莊（Clos de Vougeot）的葡萄園

02 為什麼葡萄酒是用單發酵製成？

作法相對簡單的葡萄酒是世界上最古老的酒類

葡萄酒是世界上最古老的發酵食品之一。**葡萄原產於高加索地區（Caucasus，黑海與裏海之間），所以這裡也被認為是葡萄酒的起源地。**

西元前6千年的喬治亞遺跡出土了用來製造葡萄酒的酒甕，經科學研究分析發現，這是目前發現最古老的釀酒紀錄。不過，只要土器問世，就能製造葡萄酒，所以人類的釀酒歷史可能更加久遠。

另外，**在中國河南省的賈湖也發現了西元前7千年用來發酵米、野葡萄、蜂蜜、山楂等果實的素燒壺，堪稱是目前最古老的造酒紀錄。**當時可能是將葡萄塞入素燒的壺甕或瓶子中，而附著在果皮的酵母開始發酵，形成酒精變成葡萄酒。把葡萄再次放入壺甕中，先前發酵時容器內側的細孔可能殘留了酵母，這時就會讓發酵變得更有效率。

葡萄酒原料的成熟葡萄主要成分為葡萄糖與果糖這類含糖物質，是轉化酶（Invertase）將光合作用形成的蔗糖分解後所得到的產物。這兩種糖的占比會依葡萄樹的種類、栽培地等條件出現些許差異。酵母吸收了糖、製造出酒精，就會變成葡萄酒。葡萄糖的發酵速度比果糖快，但兩種糖同時存在的話，會讓酵母的酒精發酵更為順暢。

因為葡萄裡有著能當酵母養分的糖類，所以只要在果汁裡加入酵母就會開始發酵。如果原料中本來就含有能作為酵母養分的糖，那麼

只添加酵母就能發酵成酒，而這種酒又叫**單發酵酒**，意指光靠發酵就能製成的酒。光只有這個步驟當然無法做出美味的葡萄酒，還要搭配許多努力與功夫，才能釀造出種類多樣的葡萄酒。不過以酒類製法來看，葡萄酒其實是最單純的類別。也因為作法相對簡單，所以自古便相當盛行釀造葡萄酒。

於古希臘賽普勒斯島（今賽普勒斯共和國）的帕福斯（Paphos）發現，希臘化時代的馬賽克畫，描繪著葡萄酒與酒神狄奧尼索斯（Dionysus）。

人類自古就愛酒。西元前7000年的中國、西元前6000年左右的喬治亞、西元前5000年的腓尼基（今黎巴嫩）、西元前4500年左右的古希臘與今日的伊朗似乎都曾飲用過葡萄酒。不過要等到西元前4100年前的亞美尼亞（黑海與裏海之間）才留下確切證據，並從這時的遺跡發現了葡萄酒榨汁機、發酵槽、酒瓶、杯子和釀酒葡萄（Vitis vinifera）的種子。

古埃及（埃及新王國時期／第18～20王朝）西元前1500年前墓穴中，描繪著採收葡萄與製作葡萄酒的壁畫。

紅葡萄酒與白葡萄酒的製程

資料參考：葡萄酒小常識／FWINES

紅葡萄酒製程

壓碎、去梗 ▶ 發酵、釀造 ▶ 壓榨 ▶ 貯存 ▶ 換桶 ▶ 裝瓶 ▶ 熟成 ▶ 完成

白葡萄酒製程

壓碎、去梗 ▶ 壓榨 ▶ 發酵、釀造 ▶ 貯存 ▶ 換桶 ▶ 裝瓶 ▶ 熟成 ▶ 完成

03 為什麼啤酒是以單行複式發酵製成？

大麥麵包啤酒粥在19世紀發展成了皮爾森啤酒

相傳啤酒起源自古代美索不達米亞，因為在這裡發現了西元前3千年左右，用來記錄勞工啤酒配給量的泥板。**這個時候的啤酒是先將乾燥的大麥麥芽磨粉，烤成麵包後，再把麵包磨碎加水，使其自然發酵。**

大麥與小麥不同，少了熱炒、發芽並使其乾燥的步驟，將很難變成粉末。所以古人才會將乾燥麥芽磨粉後，先做成麵包，再浸水製成啤酒。

當時的啤酒比較像是裡頭有著各種微生物的大麥麵包粥，並在巴比倫廣傳開來。漢摩拉比法典也刻印著和啤酒有關的法律，後來啤酒傳入埃及。在埃及，負責蓋金字塔的勞工們能配給到啤酒，接著啤酒又傳入了歐洲，深受日耳曼人喜愛。

據說第一個使用啤酒花（蛇麻草）的人是11世紀德國魯伯山（Rupertsberg）女子修道院的院長赫德嘉（Hildegard）。到了14世紀，德國北部的埃因貝克（Einbeck）更成了製造最佳啤酒的城鎮。不過，**目前世界上飲用普及率最高的淡色皮爾森啤酒其實是源自西元1842年波希米亞（今捷克領地）的皮爾森（Pilsen）。**

現今的啤酒多半是以大麥麥芽製成。麥、米類穀物其實就是種子，種子必須自己準備從發芽到能夠行光合作用所需的能量。種子會留下澱粉作為貯藏物質，不過對酒精發酵的酵母而言，澱粉的分子太大，無法直接吸收分解，

同時牠也幾乎不會分泌能將澱粉分解成葡萄糖的澱粉酶。所以如果要使酒精順利發酵，就必須從他處找來能分解澱粉的澱粉酶。

麥類在發芽時，一樣要把貯藏澱粉轉換成能量，所以會在發芽時利用澱粉酶將澱粉分解成麥芽糖與葡萄糖。種子在休眠期間幾乎不會有澱粉酶，不過種子發芽時會製造大量澱粉酶，使麥芽中含有非常多的澱粉酶，所以能夠分解澱粉。

製造啤酒時，會先磨碎麥芽，並與熱水混合，利用麥芽的澱粉酶分解麥芽中的澱粉，這個步驟叫作「糖化」。糖化後，去除啤酒渣、回收麥汁，接著加入酵母進行發酵。像這樣明確區分出糖化階段與發酵階段的作法稱為單行複式發酵，感覺就像是一個接著一個進行線性式的步驟呢！

古人也愛喝啤酒

古埃及壁畫中描繪的啤酒。啤酒傳入埃及大約是西元前3000年，據說是蘇美人連同大麥等穀物一起帶入埃及。

這是西元前2050年，在美索不達米亞的蘇美用來記錄領取啤酒量的泥板。

西元1842年，最具代表性的啤酒皮爾森啤酒誕生於捷克波希米亞的皮爾森。

蘇美人在西元前4000～3000年時發明了人類的第一套文字系統，並在使用泥板的階段發展成楔形文字。文字多半是用來記錄奴隸的人數、家畜或物品數、土地面積量測等。蘇美文明是位於美索不達米亞南部巴比倫的最古老文明，都市位置相當於現在的伊拉克與科威特。

04 為什麼日本酒是採用並行複式發酵？

同步進行糖化與發酵的獨特釀造法

日本酒的釀造法與葡萄酒、啤酒不同。**酵母無法直接吸收澱粉**，所以要先將澱粉分解變小，轉換成葡萄糖或麥芽糖。不過，酵母就算在菌體外也無法製造出能分解澱粉的酵素。**這時如果沒有幫手來分解澱粉，將無法進行酒精發酵。而在日本酒釀造過程中，就是由麴擔負起分解任務。**

麴，是讓黴菌的麴菌於蒸米上繁殖的生成物。麴菌在蒸米上繁殖時，會產生大量的澱粉酶。接著備妥麴、蒸米、水、酵母（製作日本酒時稱作酒母），並全部放入同一個發酵槽內，接著麴的澱粉酶就會分解米的澱粉，轉化成葡萄糖，而酵母吸收葡萄糖後，就會進行酒精發酵。**將澱粉轉換為葡萄糖的「糖化」步驟與製造酒精的「發酵」步驟會同時並行，因此這種製法稱為並行複式發酵。**

日本酒又有三段釀製等獨特的釀製法，這也是加大釀酒量非常好的方法。想要一次就釀好大量的酒往往無法順利成功。所以剛開始只需用個小釀酒桶，將低於總量2成的麴、蒸米、水、酒母混合，進行糖化，讓酵母繁殖，此步驟名為「初添」。靜置1天使其糖化，並促進酵母繁殖的過程稱為「起舞」。

隔天就會進入名為「中添」的第2次釀製。這時會再加入2倍的麴、蒸米、水、酵母，進行糖化與發酵。

第4天會來到最後釀製階段「末添」，需加入3～4倍的材料量。這時就會形成醪，接

著再用2週的時間讓酵母繼續繁殖。發酵醪不帶氧氣，麴菌無法存活，所以只有麴菌製造的酵素起作用。再加上澱粉酶會將蒸米的澱粉轉化成葡萄糖，酵母吸收葡萄糖後又會繼續繁殖。隨著發酵醪裡酵母的繁殖，酒精也會不斷形成，**使酒精濃度上升，最後達到近20%的濃度，這也是釀造酒中最高的酒精濃度數。**

不過，如果一開始就為了製造高濃度酒精，採行單行發酵或單行複式發酵的話，反而會使發酵前的糖液濃度過高，導致酵母無法繁殖。所以必須少量逐次供應酵母養分，才能讓酒液在最後達到近20%的酒精濃度。

什麼是普通酒與特定名稱酒

能滿足愛酒人士味蕾的日本酒

日本酒的定義其實包含了合成酒或味醂，所以要特別說明，這裡提到的日本酒是指清酒。清酒是指「材料絕對包含米，且有經『過濾』的酒」。清酒還可以分成「普通酒」和「特定名稱酒」。一般而言，清酒的材料必須包含米、米麴、水，普通酒是指精米步合70%以上的清酒，除此之外的清酒會被歸類至8種特定名稱酒中。精米步合是指精米磨掉表面的比例，所以精米步合70%就表示精白度為30%，也就是表面磨掉30%的精米。

本釀造酒	精米步合70%以下	添加釀造酒精
特別本釀造酒	精米步合60%以下／特殊製法	添加釀造酒精
純米酒	精米步合60%以下／特殊製法	無添加釀造酒精
特別純米酒	精米步合60%以下／特殊製法	無添加釀造酒精
吟釀酒	精米步合60%以下	添加釀造酒精
純米吟釀酒	精米步合60%以下	無添加釀造酒精
大吟釀酒	精米步合50%以下	添加釀造酒精
純米大吟釀酒	精米步合50%以下	無添加釀造酒精

05 為什麼麴菌能做出味噌和醬油？

麴菌能分解蛋白質，形成鮮味

和名麴黴（コウジカビ）的麴菌在日本菌學會是指分類於麴菌屬（Aspergillus）之下的所有菌種。麴菌屬包含了能製麴的黴菌，卻也有會產生毒素的黴菌，所以**用來製麴的菌種必須是米麴菌（Aspergillus oryzae）、泡盛麴菌（Aspergillus awamori；現在已更名為Aspergillus luchuensis）等不會釋放毒素的黴菌。日本為了與會產生毒素的麴菌做區分，刻意將用來製麴的黴菌叫作こうじきん或きくきん。**

麴的用途廣泛，**日本在釀造傳統調味料的味噌或醬油時也會製麴。**不過，和製造日本酒的情況不太一樣，釀造味噌或醬油使用的麴菌必須具備共通性質，那就是分解蛋白質的能力。

做味噌時會製麴。**米味噌要用米麴、麥味噌會用大麥或裸麥的麥麴、豆味噌則會使用大豆麴。**米味噌和麥味噌都會添加蒸熟的大豆。製作時會碾碎這些大豆，加入食鹽，讓大豆碎粒發酵。

另外，醬油的原料是大豆與小麥。過程中會先蒸熟大豆、烹炒小麥，並將兩者混合，播入麴菌，製作醬油麴。接著在醬油麴加入食鹽水，製成醪。讓醪發酵，壓榨出來的汁液就是生醬油。

味噌和醬油的發酵過程中，麴菌形成的蛋白質分解酵素（肽酶，Peptidase）能夠分解大豆的蛋白質，所以蛋白質會被分解成很小的

胜肽或胺基酸，**而這些胺基酸及胜肽就是鮮味的來源。**胺基酸之一的麩胺酸算是較知名的鮮味來源，不過，**20種胺基酸都有著獨特味道，因此呈現出來的風味將取決於胺基酸的搭配組合。**這也使得能夠大量製造蛋白質分解酵素的麴菌非常適合用來製造味噌及醬油。另外，它也和製造日本酒所使用的麴菌一樣，會生產澱粉酶，分解澱粉，所以能繁殖出酵母、乳酸菌等各種微生物。**這些微生物製造的乳酸，以及其他的有機酸、乙醇、香氣成分等都與味噌及醬油的味道、氣味息息相關。**

米麴菌是日本國菌

以原料區分味噌的話，可分為八丁味噌的豆味噌、九州與瀨戶內的麥味噌、信州或仙台、會津、江戶等地的米味噌。如果是以顏色區分，則可分為赤味噌、淡色味噌、白味噌。流通於市面上的味噌有8成都是米味噌。另外，醬油的地方特色也很強烈。關西等西日本地區有淡味醬油、九州及北陸等地有甜味醬油，不過日本從北到南還是以濃味醬油較常見。在2006年的日本釀造學會大會上，使用於味噌及醬油生產的麴菌更被指定為國菌。

米麴菌同學

依原料區分味噌種類

麥味噌
使大豆、大麥、裸麥發酵熟成。

米味噌
使大豆、米發酵熟成。

豆味噌
僅使用大豆發酵熟成。

混合味噌
混合不同味噌製成。

依味道顏色區分味噌種類

淡色味噌

赤味噌

白味噌

06 為什麼會用醋酸發酵製成醋？

藉由醋酸菌的力量把酒精發酵得到的酒變成醋

各位知道醋的原料是什麼嗎？

其實是酒精喔。常見的醋有穀物醋、米醋、蘋果醋，製造醋時，會先將這些原料行酒精發酵，做成酒。**接著讓這些原料做成的酒長出醋酸菌，轉化成醋。穀物醋或米醋會使用麴，藉由麴菌的澱粉酶把貯藏澱粉分解成葡萄糖，或是透過麥芽酵素分解成麥芽糖與葡萄糖。**另外，還可以單獨萃取出這些糖化酵素做使用。

酵母吸收了酵素作用所產生的葡萄糖或麥芽糖後，就會進行酒精發酵。接著，**再把名為種醋的醋酸菌培養物加入過濾好的酒精發酵液中。**種醋的作法包含了純粹培養，以及使用製造醋時留下的優質發酵醪。**用來製造食用醋的醋酸菌主要為Acetobacter aceti和巴斯德醋酸桿菌（Acetobacter pasteurianus）。**

製造蘋果等水果醋時，會先將果實榨成汁，添加酵母，進行酒精發酵後製成水果酒。接著再把醋酸菌加入水果酒中，進行醋酸發酵，就能變成水果醋。如果是葡萄醋（酒醋），那麼會先取得葡萄酒再進行醋酸發酵，所以和葡萄酒一樣，可以分成紅酒醋或白酒醋。

另外還有一種源自中國的古老製醋法，名叫甕醋。作法是先將蒸米、麴、水放入甕中，再以名為撒麴的方式，讓乾燥的麴浮在液體表面。蓋上蓋子，排列於日照良好處。這時液體表面會開始繁殖麴菌，覆蓋液面，並藉由繁殖

的麴菌酵素展開糖化。在酵母的作用下會產生酒精，最後在醋酸菌的幫助下轉化成醋酸。若是一直使用相同的壺甕，酵母與醋酸菌就會棲息在容器裡，後續就無需再刻意添加菌類。這個方法是讓糖化、酒精發酵、醋酸發酵在同一個容器中同時進行。

製造醋的時候還會形成一種同屬醋酸菌，名為木質醋酸菌（Acetobacter xylinum）的有害微生物。木質醋酸菌會製造醋酸，卻也會分泌出一層厚厚的纖維素，不僅減緩醋酸的生成速度，甚至會分解掉好不容易形成的醋酸。**由木質醋酸菌形成的纖維素膜其實就是椰果。**這個纖維素名叫細菌纖維素（Bacterial cellulose），遠比植物的纖維素細緻，能夠製成非常薄且堅固的纖維片，**目前人們也正在研究各種利用方法。**

各種醋

醋的種類很多，日本常見的有穀物醋、壽司醋、米醋、黑醋。其實醋的歷史也很悠久，據説西元前5000年美索不達米亞的巴比倫就曾以椰棗和葡萄乾製作醋。日本在第15代天皇應神天皇時代（西元270～310年），造醋和造酒技術便相繼從中國傳入當時的和泉國（今大阪堺市附近）。

香草醋

照片：Libby.A.Baker

甕醋

將原料放入甕中，僅需透過陽光就能發酵的甕醋。讓糖化、酒精發酵、醋酸發酵在同一個容器中同時進行，製成黑醋。

照片來源：坂元釀造株式會社

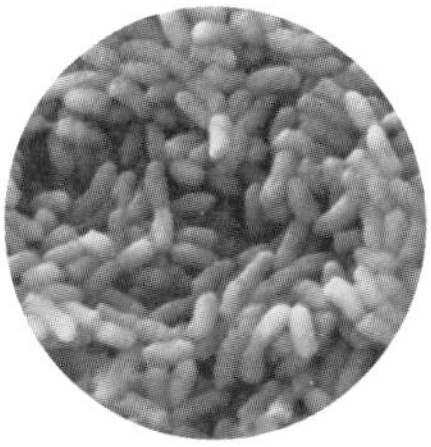

醋酸菌

照片來源：Kewpie株式會社

各種酒醋

巴薩米克醋經由5種木桶熟成，預防水分蒸發。

由左開始為巴薩米克醋、紅酒醋、白酒醋
酒醋其實還包含了雪莉酒醋、香檳醋、覆盆子酒醋、茵陳蒿醋等。 照片：Riner Zenz

07 為什麼會用乳酸發酵製作起司？

酸會使乳成分沉澱、凝固，變成起司

我們其實還不清楚起司的起源，不過目前已知的是，地中海、黑海與裏海包圍住的區域在西元前8500年就有畜羊行為，開始畜牛則是西元前7000年左右。西元前6500年，牛羊更被改良成能取乳汁的家畜。同一時期，瓶、甕類的陶器生產也相當發達，甚至被用來保存剩餘的乳類。

會製造乳酸的細菌在乳汁裡繁殖，行乳酸發酵，酸使乳汁裡的蛋白質沉澱並凝固，這也被認為是起司的起源。不過，這種起司應該比較接近現在的酸奶，或是將酸奶壓榨製成的白起司（Fromage Blanc）及奶渣（Quark）。

當時負責畜牧的成人因為無法消化乳汁中的乳糖（Lactose），使得腸內細菌異常發酵，引發乳糖不耐症，出現腹瀉、腹痛症狀。然而，如果是古時候以乳酸發酵製成的起司，細菌會消耗掉乳糖，剩餘的乳糖也會融於上方的清澈液體中，所以吃起司的時候不會有腹痛問題。**這也使得起司製造在截至西元前6000年期間，開始從地中海東岸往美索不達米亞一帶急速擴展開來。**

目前大多數的起司都是**先藉由乳酸菌將乳類變酸，並搭配會對酸起作用，名為凝乳酶（Chymosin）的凝乳酵素製成起司。**乳中溶有大量被視為養分的蛋白質。**凝乳酶只會分解掉κ-酪蛋白（κ-Casein）這種會穩定乳中蛋白質溶解的成分，讓溶解於乳中的蛋白質變得不穩定，並開始沉澱。**凝乳酶可從出生數個

月、還沒斷奶的小牛或小羊胃部黏膜萃取出來。我們不知道為何會開始使用凝乳酶，但猜測或許跟人們自古就會將還沒斷奶的小羊祭祀獻給神明的行為有關。

其實可以想像，當時的人們應該是在小羊的胃裡發現乳塊，於是將這個乳塊加入新的羊乳，或是將部分的胃浸在乳汁裡，在既有細菌的作用下，乳汁變酸，接著搭配凝乳酶的作用便形成了起司。

現代人會從小羊的第4個胃萃取凝乳酶。

不過，自西元1960年起，全球的起司需求量攀升，凝乳酶出現供不應求的情況。就在人們致力於探索微生物起源的凝乳酶，**日本研究學家發現了名為Mucor pusillus（現名為Rhizomucor pusillus）的黴菌能製造凝乳酵素。**另外，透過基因改造，人們也成功製造出小牛凝乳酶，並廣泛銷售於世界各地。

收藏於羅馬卡薩納特（Casanatense）圖書館的《健康全書》。書中插畫描繪（14世紀）起司的製作過程。此書為11世紀，基督教聶斯脫里派的阿拉伯醫師巴特蘭（Ibn Butlan）著作養生保健圖集的手抄本。可見當時阿拉伯的科學發展比歐洲更進步。

天然起司的種類

①新鮮起司	軟質、非熟成	奶油起司、茅屋起司等共計約12種。
②白黴起司	軟質、白黴菌熟成	卡門貝爾起司、莫城布里起司（Brie de Meaux）等共計約3種。
③水洗式起司	軟質、細菌熟成	艾波瓦塞起司（Epoisses）、利瓦羅起司（Livarot）、休曼起司（Chaumes）等共計約6種。
④羊奶起司	黴菌與細菌熟成	聖莫起司（Saint-Maure de Touraine）、瓦朗賽起司（Valençay）等共計約3種。
⑤藍起司	以青黴菌緩慢熟成	史帝爾頓起司（Stilton）、古岡左拉起司（Gorgonzola）、洛克福起司（Roquefort）等共計約4種。
⑥半硬質起司	細菌熟成	切達起司、高達起司、波芙隆（Provolone）起司等共計約6種。
⑦硬質起司	細菌熟成	佩科里諾羅馬諾乳酪（Pecorino Romano）、帕瑪森（Parmigiano-Reggiano）起司等共計約10種。

08 為什麼乳酸菌會讓優格變酸？

乳酸菌的酸能抑制腐敗菌繁殖，有助保存

　普遍認為優格與起司的起源差不多在同個時期，兩者都是仰賴能製造乳酸的細菌，所以剛開始應該不太能做出明確的區別。**會發現優格與起司有可能是存放於瓶子或壺甕中的乳類帶有乳酸菌，乳酸菌繁殖後產生乳酸，乳汁變酸就會使蛋白質凝固。當環境變酸，其他的腐敗菌就不易繁殖，有助保存。**

　優格隨著畜牧的普及，傳入了印度、尼泊爾、蒙古、中亞、中東、土耳其、希臘、保加利亞、俄羅斯與北歐。西元前２０００年的蘇美神話中也出現了和優格有關的記述。

　日本則自奈良時代起，出現了名為「酪」的優格，平安時代的《倭名類聚抄》也有提到「酪」。

　根據由聯合國糧食及農業組織（FAO）與世界衛生組織（WHO）共同制定的國際食品規範，在歐美地區，優格必須是以乳酸桿菌的保加利亞乳桿菌（Lactobacillus bulgaricus；現名為Lactobacillus delbrueckii subsp. Bulgaricus）或乳酸球菌的嗜高溫鏈球菌（Streptococcus thermophilus）製成。所有乳酸桿菌屬與嗜高溫鏈球菌發酵而成的製品則歸類為替代菌種優格。

　歐洲自古所使用的**保加利亞乳桿菌與嗜高溫鏈球菌優格菌種其實存在著共生關係。**嗜高溫鏈球菌會製造甲酸，保加利亞乳桿菌則會利用甲酸繁殖。接著保加利亞乳桿菌又會產出蛋白質分解酵素，分解乳汁中的蛋白質，形成胺

基酸與胜肽。嗜高溫鏈球菌會繼續利用胺基酸與胜肽繁殖，共創雙贏關係。

保加利亞部分地區還有一個製作優格的傳統方法，那就是將山茱萸（Cornus mas）的枝葉放入乳汁中。後來更有研究報告指出，從山茱萸等保加利亞自生植物中分離出來的保加利亞乳桿菌與嗜高溫鏈球菌，其實跟市售優格所使用的菌種並無差別，所以這些源於大自然的菌種自古便與優格的製造息息相關。

俄羅斯諾貝爾獎得主梅契尼科夫（Mechnikov）曾造訪保加利亞，提到保加利亞人能如此長壽可能是因為吃了優格的關係，使得優格在歐洲廣受歡迎。目前優格更被視為好菌，不僅可調節腸胃，還能改善腸道環境，食用普及率極高。

兩種製造優格的乳酸菌

FAO（聯合國糧食及農業組織）與WHO（世界衛生組織）共同制定的國際食品規範認可的優格用乳酸菌，只有這兩種乳酸菌是優格生成菌。

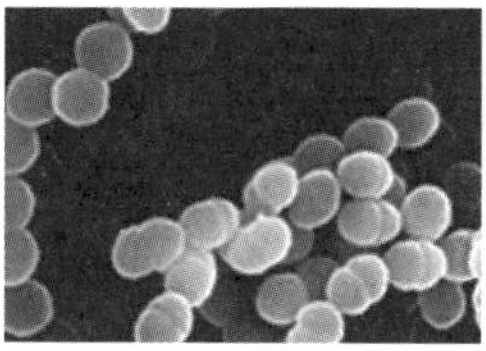

嗜高溫鏈球菌

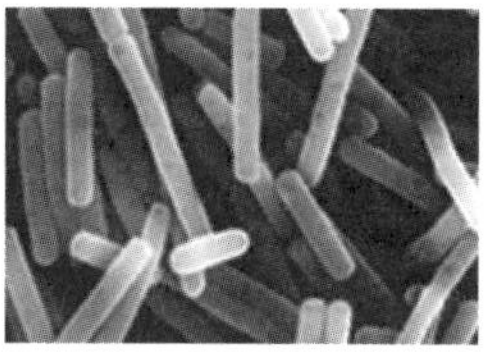

保加利亞乳桿菌

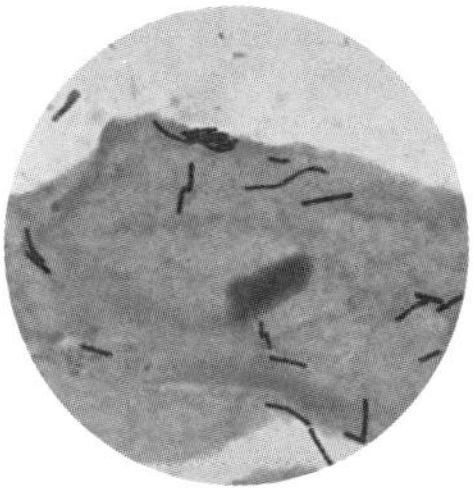

乳酸桿菌屬
（Lactobacillus）

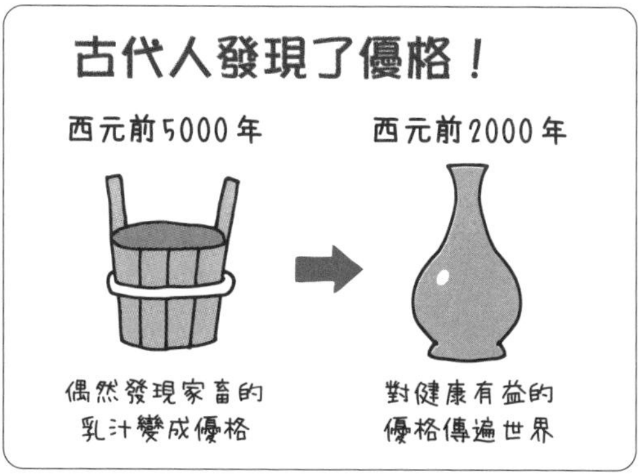
古代人發現了優格！
西元前5000年
西元前2000年
偶然發現家畜的
乳汁變成優格
對健康有益的
優格傳遍世界

09 為什麼巧克力是發酵食品？

先讓可可豆發酵後，再做成巧克力

近年來，巧克力不僅是用來獲得滿足感的食品，更是相當受矚目的健康食品。**巧克力是以可可的種子製成，可可樹原產於中南美洲。產地從墨西哥延伸至中美洲西北部，目前認為早在西元前2000年時就被用來作為藥用或食品。**

15～16世紀間，西班牙人入侵了這個地區後便將可可的運用知識帶回歐洲，當時巧克力可是上流階級非常流行的飲料。19世紀後更做了各種改良，出現帶有甜味的固體巧克力和牛奶巧克力，且變得普及。非洲、東南亞等西歐列強的殖民地開始大範圍種植可可，讓可可的生產極為興盛。

收成可可的果實，剝開**堅硬外皮（可可果莢，cacao pod）**後，會看見裡頭長著帶有水分、如白色棉花般的可可果肉（cacao pulp），**而可可豆就被包在果肉當中**。這時會先將可可豆連同果肉一起取出，包入香蕉皮中，接著放入箱盒中發酵。**因為微生物會自然附著，使可可開始發酵。**

可可果肉含糖帶酸，口感酸甜。發酵時會將含有水分的果肉堆疊放置，所以裡頭不會有空氣。**再加上整體環境處於酸性，使符合此生長條件的酵母繁殖，開始酒精發酵。**

接下來，**果肉會被分解，當空氣流入內部後，乳酸菌就會增加，並製造出大量乳酸。這時攪拌可可豆的話，會讓氧氣布滿整體，那麼好氧的醋酸菌也會開始繁殖。**發酵過程中，溫

度攀升的幅度最高可上看50℃，同時間醋酸菌也會作用，將酒精轉化成醋酸。**正因為溫度與醋酸的影響，可可豆才會無法發芽。**

接著溫度會隨之下降，並產生各種好氧的細菌與黴菌。發酵會在氣溫較高的地區進行，所以只需3～5天便能完成發酵，不過為了停止發酵，必須將可可豆乾燥處理。**在徹底乾燥的過程中，附著於可可豆表面的細菌會形成低分子脂肪酸等各種氣味成分，完成乾燥後便能出貨。**

發酵時，可可豆裡頭也會行酵素反應，像是讓帶有澀味的單寧酸氧化，分解貯藏蛋白質形成游離胺基酸等。**胺基酸是烘焙可可豆時的飄香來源。發酵可可豆出貨後會運至巧克力工廠，進入烘焙作業，這更是賦予巧克力口感、氣味的重要步驟。可可豆裡的胺基酸及糖分會起作用，出現形成焦色與香氣的梅納反應。將烘焙過的可可碾碎、去殼、研磨後就能得到可可膏。在可可膏中加入各種不同的原料，便可製成巧克力。**

根據產地、行發酵作業的農家或工廠，出現於發酵過程中的微生物也會有明顯差異，所以可可豆的產地不同，在香氣與酸味表現上將會出現各自的特色。把這些特色搭配結合，製成獨特的巧克力，並供應給全世界。

可可樹與可可果實

可可果實裡的可可豆

侵略美洲新大陸的征服者

埃爾南·科爾特斯（1485-1547）

西元1492年哥倫布發現新大陸後，15～17世紀期間，當時歐洲最強國的西班牙探險家們踏上這塊新大陸，並以征服者（Conquistador）之姿在歷史上留名。其中又以西元1521年征服阿茲特克帝國（今墨西哥）的科爾特斯（Hernán Cortés）、西元1532年征服印加帝國的皮薩羅（Francisco Pizarro）最具知名度。可可果實是哥倫布於第4次航行期間（西元1502年）在今日的宏都拉斯附近取得並帶回西班牙，但當時並不知道如何利用。接著科爾特斯在阿茲特克得知可可的用法，於是添加了砂糖、辛香料，製成「xocolatl」（巧克力），深獲西班牙上流階級的喜愛。

可可豆產量排名

可可原產於曾發展出阿茲特克、馬雅、特奧蒂瓦坎文明的中美洲，西元前1900年就有使用可可的紀錄。

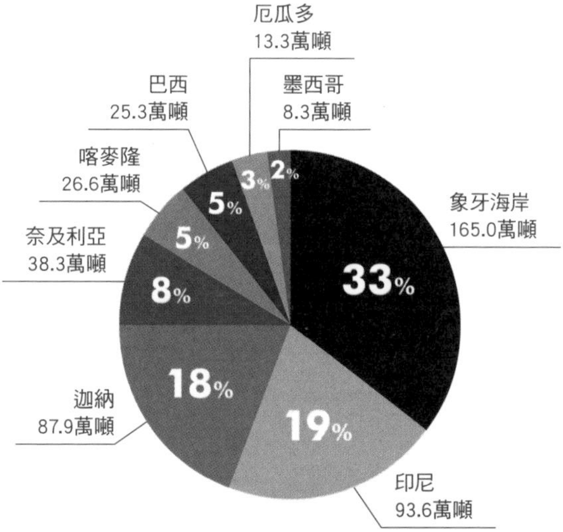

巧克力製程

來源：日本巧克力工業工會

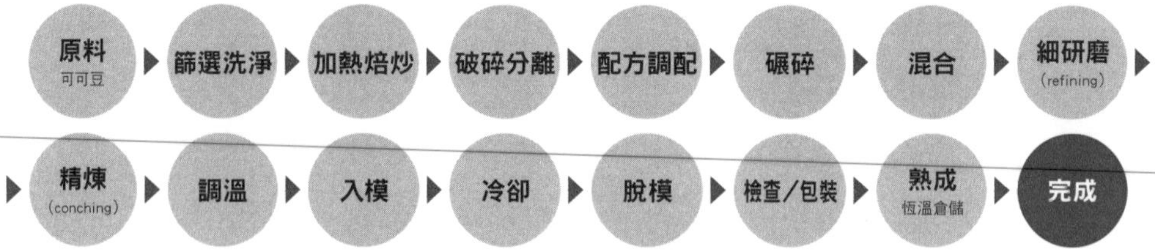

10 為什麼會說多虧了微生物才能有柴魚？

不讓有害菌靠近，還能去除水分、分解脂肪的黴菌

日本自古便開始食用鰹魚。青森縣八戶市有個繩文時代初期的貝塚，從貝塚出土的各類骨骸中發現了鰹魚骨。從藤原京遺跡出土的木簡文字上也提到了進貢給君主的「生堅魚」，由此可以研判當時的宮廷會食用鰹魚。

日本於西元718年頒布了**養老律令，其中，租庸調制裡的調記載到「堅魚」「煮堅魚」「堅魚煎汁」。平安時代（西元927年）編纂的律令條文《延喜式》也有提到十多國曾進貢相關物品。**「煮堅魚」是指將鰹魚煮過後再曬乾，可說是現代柴魚的原型。

當今柴魚的製法是從江戶前期延續而來，傳統製法有另外製表說明，各位可多加參考。

不過，目前大多數的柴魚工廠並非使用自然生成且棲息於箱內或倉庫的黴菌，而是先將柴魚上的黴菌分離出來，培養後再做使用。在有溫溼度控制的空間內生成指定的黴菌，讓黴菌維持一定的品質。**JAS（日本農林規格）定義中提到，上兩次黴菌（二番黴）的柴魚稱為枯節，上超過三次黴菌（三番黴）的叫本枯節。**

本枯節被歸類為發酵食品，但沒有附著黴菌的生節（若節）或荒節則不屬於發酵食品。

有報告指出，以傳統製法製作柴魚時發現了約20種黴菌，**其中Aspergillus glaucus（=Eurotium herbariorum）、Aspergillus repens（=Aspergillus pseudoglaucus）為主要黴菌。**

使用培養的黴菌時，多半會選用E

herbariorum黴菌。而這些黴菌能發揮的作用包括：預防其他有害菌入侵、藉由繁殖促進去除水分、分解脂肪等。**柴魚的含水量之所以能這麼少（15％以下），且非常堅硬，甚至用柴魚煮水取汁也不會出油，都要歸功於黴菌的作用。**

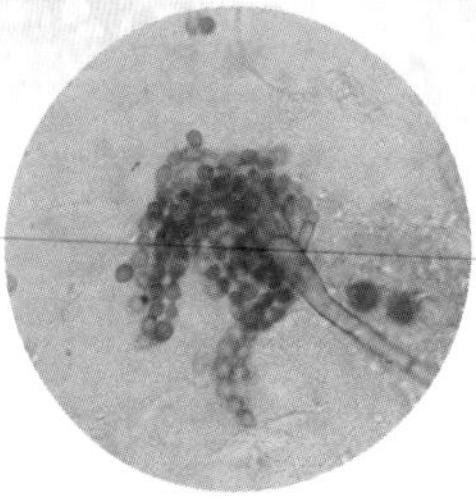

Aspergillus glaucus

照片：ケトミウムの女王

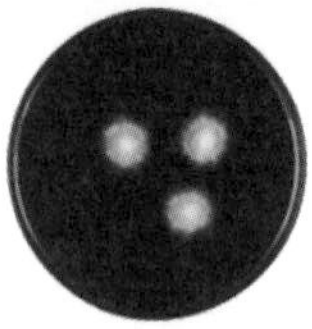

培養在酵母萃取物的寒天培養皿上，且不斷成長的Aspergillus pseudoglaucus。

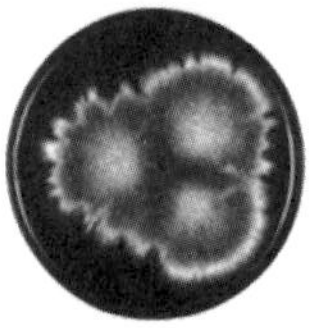

培養在酵母萃取物與蔗糖的寒天培養皿上，且不斷成長的Aspergillus pseudoglaucus。

傳統的柴魚製程

①挑選油脂較少的鰹魚。

②去頭，以3片切法處理魚身，接著再切出靠近魚肚的腹側與靠近魚背的背側，因此一條鰹魚能做成4塊柴魚。

③切成大小相當的魚塊後，以70～95℃的熱水煮1小時左右，接著放涼或浸水降溫，去除魚骨。

④將剔除魚骨的魚塊整齊排列於蒸籠，推入煙燻室烘乾，去除表面水分。

⑤用鰹魚碎肉修補去骨時魚塊受損的部位。修補完成後，以櫟樹、橡樹、麻櫟、冷杉、櫻樹的木柴，以1天1小時85℃左右的溫度烘乾（燻乾）。重複5次後，再以更低的溫度不斷燻乾。

⑥以低溫燻乾7～8次的柴魚稱為荒節，次數更少的則稱作生節，更多的名叫鬼節。

⑦隨著烘乾次數增加，柴魚表面會開始附著炭且變黑，焦油成分變硬、變粗糙。

⑧將荒節與鬼節放入箱盒中2～3天，讓多餘的水分與脂肪滲出表面，當表面稍微變軟後，再連同焦油成分一起削除。

⑨將柴魚日曬，放入木箱或倉庫存放1～2週後，柴魚表面會長出綠色黴菌，名為一番黴。

⑩取出長黴菌的柴魚，以日照曝曬2天乾燥，用毛刷刷掉黴菌後再風乾，接著放入有黴菌的容器中，蓋上蓋子，繼續靜置2週左右，這時會長出灰色的二番黴，長出二番黴的柴魚名叫枯節，重複上述步驟，直到長出六番黴。

本枯節完成！

天然食品的鮮味成分量（單位：mg／100g）

天然食品的鮮味成分差別竟然這麼大！

食品中的鮮味成分差異還滿大的呢！只要人們刻意添加肌苷酸或單磷酸鳥苷，就能讓鮮味成分增加。就連小魚乾、柴魚、香菇乾也都必須靠太陽光的幫助才有辦法製成。

麩胺酸（胺基酸類）

游離 L- 麩胺酸

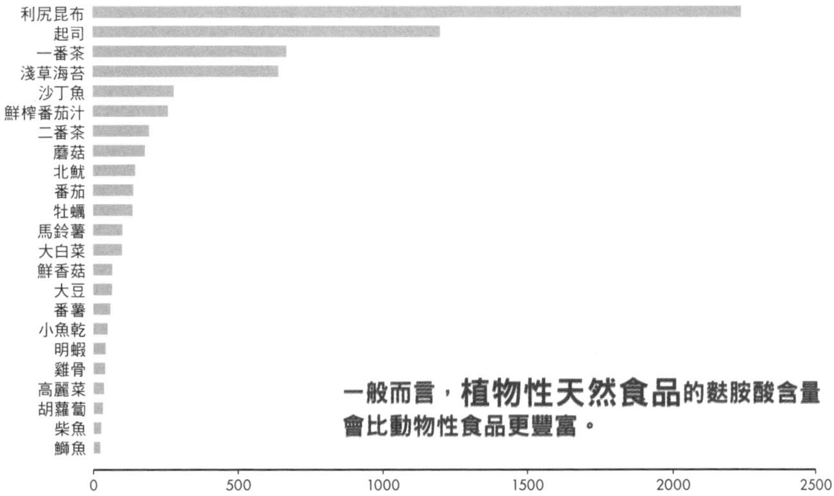

肌苷酸（核酸類）

5'- 肌苷酸

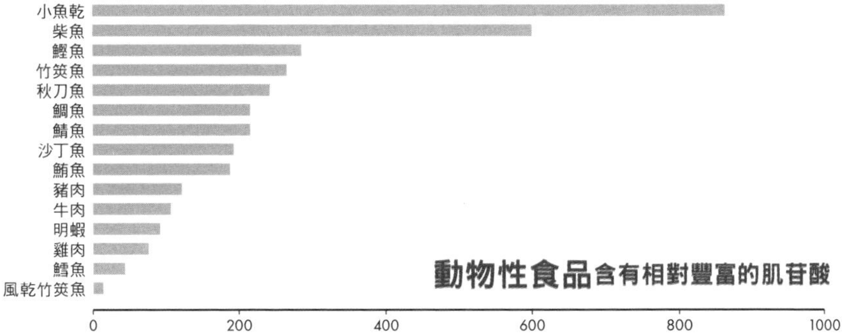

鳥苷酸（核酸類）

5'- 鳥苷酸

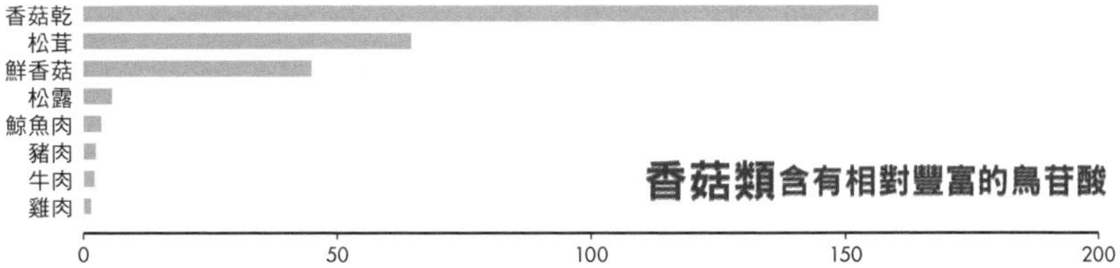

資料：改編自 NINBEN HP「柴魚塾」

11 為什麼世界上到處都有發酵食品？

為了食物保存與享受食的樂趣，世界各地皆可見發酵食品

世界上有著各式各樣的發酵食品，像是起司、優格的乳製品；魚露、柴魚、臭魚乾（くさや）、熟壽司（なれずし）等魚製品；生火腿、金華火腿、義大利香腸等肉製品；味噌、醬油、納豆、天貝等大豆製品；泡菜、米糠醃菜、德國酸菜等醃漬物或醃黃瓜（Pickle）等食品；葡萄酒、啤酒、日本酒等酒精飲料。各種發酵食品在世界各國與不同地區相當普及。

為什麼隨處可見發酵食品呢？

在冰箱問世以前，人們會以鹽漬、糖漬、乾燥等方法保存食物，而發酵也是保存食物的重要方法。

其實，發酵原本只是把食物保存於容器中，或是讓乾燥食品長出酵母、乳酸菌或黴菌。

第一個把模樣改變的食物吃下肚的人應該需要相當勇氣吧。不過，只要是先長出對人體無害的微生物，那麼在微生物的生理作用下，人們吃下這些食物並不會有問題。

舉例來說，**當酵母引起酒精發酵、乳酸菌引起乳酸發酵、醋酸菌引起醋酸發酵時，酒精會形成靜菌作用、乳酸及醋酸會讓pH值下降，那麼就能抑制細菌繁殖，避免食物腐敗。甚至還會存在能製造具抗菌作用的低分子化合物，以及抑制其他細菌繁殖的微生物。**這麼一來，就算吃下味道與外觀改變的食物也不會鬧肚子，還能攝取食物原本就具備的營養。

發酵有時還會形成食物本身沒有的維生素

等營養成分。發酵過程中蛋白質分解後會形成胺基酸，DNA或RNA分解後會形成核酸，微生物會製造脂肪酸，這些都會為食物帶來原本沒有的風味、香氣或口感，搖身一變成為不知該如何形容，卻又讓你我為之瘋狂的食物。保存食物的同時卻又能享受品嘗的樂趣，讓發酵食品得以遍及全世界。

世界上可是充滿發酵食品呢！像是韓國的泡菜、中國的豆腐乳，還有加拿大的醃海雀（kiviak）。醃海雀是指將一種名為Appaliarsuk的海鳥塞入海豹肚子裡，並埋入土中2～3年使其發酵，真是厲害呢！

窺探世界各地的發酵食品

鹽醃鯡魚／瑞典

以鹽醃漬製成的生鯡魚罐頭。號稱「世界上最臭的食物」，會發出強烈臭味。這是將生鯡魚抹鹽直接發酵後製成罐頭。鯡魚在罐頭裡還會繼續發酵，所以罐頭會膨脹。

維吉麥／澳洲

釀造啤酒時會有的副產品，原料是酵母萃取物、鹽、麥芽萃取物，味道死鹹，還會帶股酵母味，所以常和奶油、起司等食材一起抹在麵包上食用。

德國酸菜／德國

原文「Sauerkraut」意指「酸的高麗菜」，酸味來自於乳酸菌的發酵。會作為香腸等肉類料理或其他料理的配菜。德國各地的作法及吃法會有所不同。

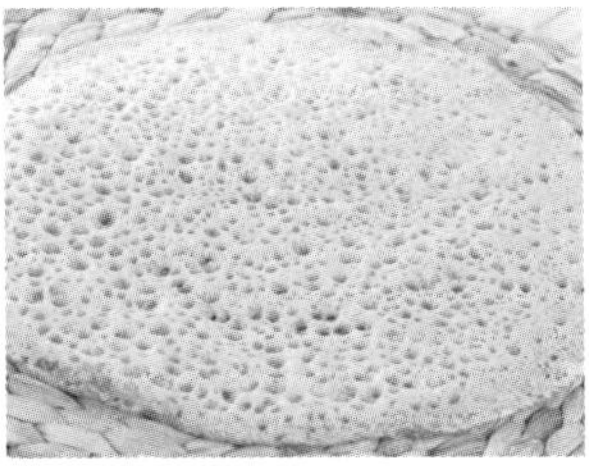

因傑拉／衣索比亞

衣索比亞的主食。將禾本科穀物的苔麩粉溶於水中，發酵3天後，在大片鐵板塗上薄薄一層，煎成像可麗餅一樣，是帶有獨特酸味與甜味的發酵食品。

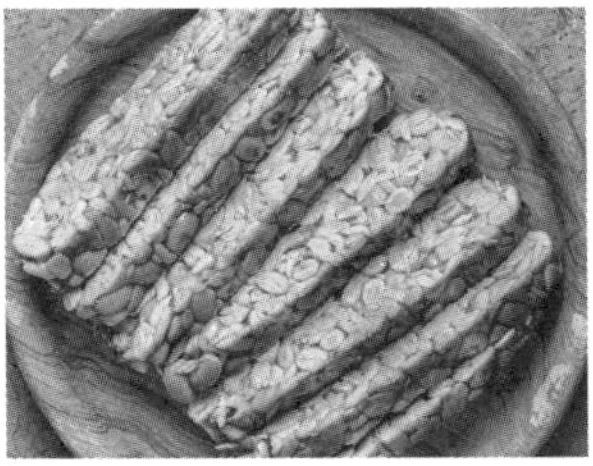

天貝／印尼

以根黴菌發酵大豆製成的發酵食品。又名「印尼的納豆」，不過並沒有像納豆一樣的黏稠感與臭味。味道清淡，無怪味，易於品嘗。

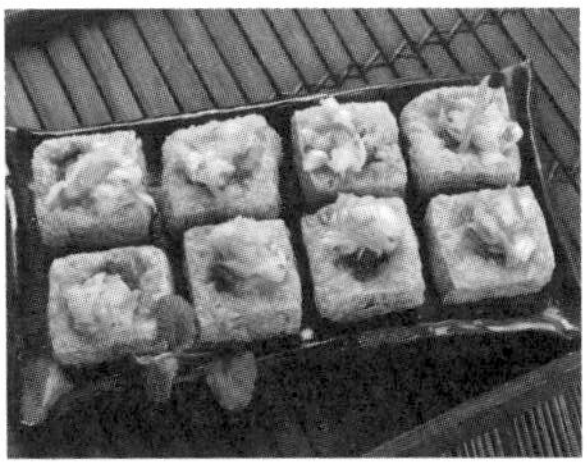

臭豆腐／台灣

在台灣很受歡迎，不過有股糞臭味。香港及中國大陸華南地區亦相當常見。將豆腐浸泡在植物發酵液，或以納豆菌、酪酸菌發酵後的滷水中製成。

鹽醃鯡魚／德國酸菜／因傑拉／天貝／臭豆腐＝照片來源：PIXTA、維吉麥＝照片來源：stock. foto

12 為什麼發酵讓人類飲食生活更豐富？

偶然發現的發酵食品為飲食帶來多樣性

所謂發酵，是指「**微生物長在食物上，改變了食物性質，且人類也認為這種改變讓食物變美味、變香，或是變軟且更容易入口**」。

其實我們自古便發現，就連動物也愛發酵食物。像日本有關於猿酒的傳說，若是以非洲來舉例，就會想到一種名叫馬魯拉樹（Marula）的大型樹木，一到夏天就會長出又甜又多汁的黃色果實。動物們很喜歡馬魯拉樹的果實，大象、長頸鹿、犀牛都會爭相食用。馬魯拉樹會結很多果實，當果實落地後，存在於大自然的酵母就會開始發酵，使果實形成酒精，動物們吃下含酒精的果實後就會酒醉。紀錄片《Animals Are Beautiful People》（美國，西元1974年上映）中就可看見動物們吃下果實後的愉快模樣。換句話說，動物可是愛極了發酵後的果實。當然，人類也一樣，自古便抵擋不住這股美味。**最古老的發酵食品是葡萄酒**，看來，酒從以前就是能讓人放鬆的飲料呢！

起司同樣有著悠久歷史。雖然目前仍不清楚發源地及源自何時，但「3-7為什麼會用乳酸發酵製作起司？」一開始就有提到，地中海、黑海與裏海包圍住的地區在西元前8500年就把羊視為家畜，畜牛則是始於西元前7000年左右。西元前6500年，牛羊更被改良成能取乳汁的家畜。當時，人們應該是偶然發現保存的乳汁竟然凝固，才會做出類似起司的乳製品。

目前我們可以確定的是，從波蘭、克羅埃西亞的遺跡中發現了西元前5000年就有取羊乳、牛乳做成起司的紀錄，因此可以推測同為乳製品的優格應該也是出現於同一時期。

其實，人類應該是在偶然的情況下發現了葡萄酒、起司及優格。用來保存葡萄或葡萄汁的陶甕中帶有長在葡萄皮上的酵母，酵母發酵後變成葡萄酒。

用小羊羊胃製成的皮囊保存乳汁後，胃部殘留的凝乳酵素使蛋白質沉澱，過去我們認為優格可能就是因此而來。不過現在有另一種推論，那就是裝有乳汁的陶壺或瓶子裡出現微生物（乳酸菌），在微生物的作用下形成酸性物質，使蛋白質沉澱。

發酵會改變食品性質，點綴單調的飲食生活，使其變得豐富。再者，最近發酵食品的健康效果也受到關注，儼然已是你我生活中不可或缺的一部分。

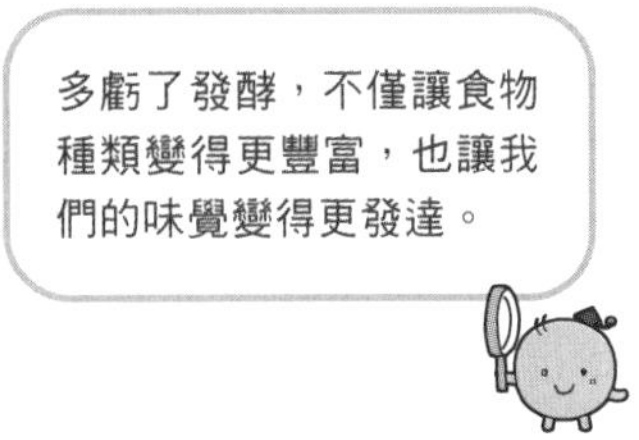

多虧了發酵，不僅讓食物種類變得更豐富，也讓我們的味覺變得更發達。

馬魯拉樹與果實

漆樹科植物，分布於馬達加斯加、非洲東北部的蘇丹延伸至接近撒哈拉沙漠南方的半乾燥氣候區域。每年12月～隔年3月會長出黃皮白肉的成熟果實，含有相當於柳橙8倍的維生素C。帶酸味，風味獨特，對人類而言是相當重要的食物，馬魯拉樹的樹皮、果實卻也深受長頸鹿、大象、犀牛等動物喜愛。

希臘壺（Pithoi）

古羅馬會將一種形狀為圓錐形、兩側有把手、以粗陶燒製而成的陶壺「Pithoi」插入土中，藉此保存葡萄酒。羅馬皇帝因為喜歡用鉛製酒杯，導致鉛中毒，甚至出現尼祿（羅馬史上著名的暴君）等行為異常者。

照片：Ancient Rome Library

13 是誰發現微生物的功用？

名留醫學史，偉大的巴斯德與柯霍

PART1-10有提到，荷蘭的雷文霍克（西元1632~1723年）以自製顯微鏡成為首位觀察到微生物之人。以當時的科學水平而言，雖然無法得知觀察到的微生物過著怎樣的生活，以及這些微生物有什麼功用，不過雷文霍克還是發現到許多微生物的存在。

那麼，又是誰發現發酵與微生物有關的呢？

答案是生於雷文霍克200年之後的法國生化學家——**路易．巴斯德（Louis Pasteur，西元1822~1895年）。巴斯德否定了當時引起激辯的「生物自然發生說」，並證明了一切的生物都來自於微生物。**巴斯德更因此發明了名為**巴斯德殺菌法（Pasteurization）的低溫殺菌法**。此外，荷蘭當地的釀酒商找上巴斯德，請教他如何順利發酵，防止酒變酸。巴斯德透過顯微鏡看見了比酵母更小的細菌，並發現是由這些細菌行乳酸發酵。巴斯德將細菌另外培養在新的培養皿，發現還是會產生乳酸發酵，於是了解到**發酵與微生物存在必然性，發酵形成的產物則會依微生物種類有所不同**。

巴斯德在醫學上的貢獻程度，就連蘇格蘭小說家克朗寧（Cronin，西元1896~1981年）在著作《堡壘》（西元1937年）中也有提到。《堡壘》是以醫療倫理爭論為主題的小說，接著就容我引用中村能三（西元1903~1981年）翻譯、新潮文庫出版（西元1955年）的日文譯本內容。這是

曼森醫師遭檢舉起用無照醫師而面臨審問的橋段。曼森認為救人不能只看執照，不看才能，於是大喊：

「告訴各位，在科學醫學史上最偉大的路易．巴斯德並非醫科出身。成就僅次於巴斯德的梅契尼可夫（Mechnikov）也不是醫師。由此可知，所有與病魔搏鬥之人，即便其名不在醫師名冊中，也不見得一定就是壞人或愚者。」

話雖如此，現在未持有醫師執照者進行治療可是違法行為。這裡想讓各位了解到巴斯德一路走來，足跡已在醫學史上留下印記。巴斯德身為一名生化學家，更被讚許為「醫學上最偉大的人物之一」。此外，人類在受到新型冠狀病毒威脅的同時，全力投入「疫苗」開發，希望能預防患病。而**「疫苗」（Vaccine）一詞亦是由研究「免疫」的巴斯德命名。**

與巴斯德生於相同世代的羅伯特．柯霍

路易．巴斯德（1822-1895）與本人親筆簽名

法國的生化學家、微生物學家。西元1822年生於法國東部的杜耳（Dole），父親從事製革業。其後進入巴黎高等師範學校就讀，主攻化學，並於西元1846年取得博士學位，但某位教授卻給予巴斯德「平凡無奇」的評語。西元1854年被指名為里爾（Lille）理科大學學院長，西元1857年更赴任母校高等師範學校的事務局長兼理學院院長。當時，釀酒商請巴斯德調查「為何葡萄酒會腐敗」，這也成了巴斯德研究微生物的契機。西元1861年否定「生物自然發生說」，推出著作《檢討生物自然發生說》（原文書名：Sur les corpuscules organisés qui existent dans l'atmosphère），並於西元1887年設立巴斯德研究院。

巴斯德的成就豐富，不僅發現分子的鏡像異構物，開發了能預防葡萄酒、啤酒、牛乳腐敗的低溫殺菌法，更研發出疫苗預防接種法，發明狂犬病、家禽霍亂疫苗。同時也是命名「疫苗」之人。其偉大功績更讓法國為他舉辦國葬。

羅伯特．柯霍（Robert Koch，1843-1910）與本人親筆簽名

德國醫師、細菌學家。柯霍是礦工之子，就讀於德國下薩克森州的哥廷根大學，在西元1876年利用炭疽菌的純粹培養，找出了炭疽病的病原體。提倡柯霍氏假說，又稱柯霍氏法則。其原則如下：①在病患或罹病之動植物上能找到相同的病原、②由罹病體分離出來的病原可被分離並在培養皿中進行培養、③純粹培養的病原菌接種到實驗動物體或相同之動植物時，仍會引起相同之疾病或病徵、④從接種的實驗動物體或動植物可分離出相同病原。柯霍於西元1891年成立了普魯士傳染病研究所（柯霍研究所）。

柯霍的功績卓越，除了證明炭疽病的病原體就是炭疽桿菌，還發現結核菌就是結核病的病原菌，另也發現霍亂弧菌，並於西元1905年獲頒諾貝爾生理醫學獎。發現鼠疫桿菌與開發出破傷風治療法的北里柴三郎便是在柯霍研究所進行研究。

（西元1843～1910年）不僅奠定了基本的**微生物研究法，更發明了固體培養皿培養分離法以及各種染色法。**此外，**柯霍還從死於炭疽病的動物身上取出細菌，注入健康動物的血液中進行培養，發現會繼續繁殖同樣的細菌。**不斷培養細菌，並讓動物攝取的話，動物也會罹患炭疽病。柯霍觀察了血液，掌握到血液中也會出現相同細菌，進而證明這個細菌就是炭疽病的病原體。柯霍便是用這樣的方式，**陸續確立了細菌與特定傳染病的關聯性。**

柯霍後來更發現了結核桿菌與霍亂弧菌，奠定傳染症研究的基礎，並於西元1905年獲頒諾貝爾生理醫學獎。當今許多研究微生物的方法基礎都是出自柯霍等人之手，多虧了這些學者們，我們才能對微生物有更深入的了解。

當然，柯霍絕對也是「醫學史上的偉大人物」之一。醫學史學家梶田昭醫師（西元1922～2001年）在自己的著作《醫學歷史》（医学の歴史，講談社學術文庫於西元2003年出版）中有提到，同為瑞士醫學史學家西格里斯（Henry E. Sigerist，西元1891～1957年）是這麼形容偉大的巴斯德與柯霍：

「巴斯德與柯霍，以及他們的徒弟讓我們對傳染病不再那麼恐懼。原本不可見的敵人已現身你我眼前。愈了解敵人，就愈不害怕敵人的威力。勃艮第的製革商之子，以及德國北部的礦工之子為人類帶來了無量恩惠。」

巴斯德與柯霍即是那製革商之子和礦工之子。

PART 4

哪種微生物會引起疾病？哪種微生物又能治癒疾病？

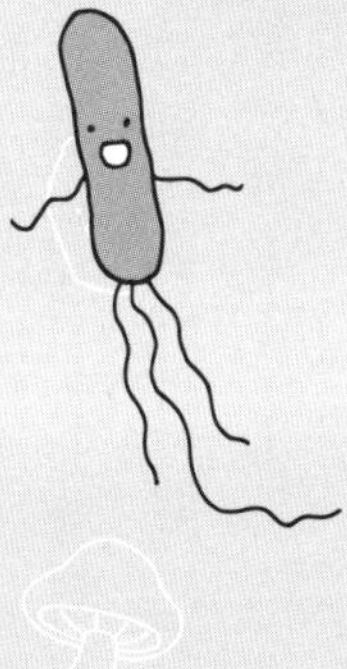

01 「發酵」和「腐敗」的差別在哪裡？

腐敗對人體有害，但兩者其實很難做出明確區分

優格、起司、味噌、醬油都是直接吃就很美味、但也非常適合當成調味料的發酵食品。**納豆同為發酵食品，但對於吃不習慣的人來說，會認為納豆會發出一股惡臭。**另外，像是臭魚乾（くさや）、瑞典人會吃的鹽醃鯡魚都有著讓人難以言喻的臭味，而這些食品的確也是發酵食品，它的味道卻會讓某些人覺得是腐敗臭酸掉的食物。

究竟「**發酵**」和「**腐敗**」有何差別呢？

其實，「發酵」和「腐敗」都是食物長出微生物。**吃下或喝下長有微生物的食品後，如果有害身體，那麼就會歸類為「腐敗」。就算對身體無害，但會讓人感到不舒服的味道也可稱作腐敗。**由此可知，「發酵」和「腐敗」其實沒有明確的區分，完全因人而異。

若是**富含大量蛋白質的食物，長微生物後所發出的臭味會比其他食物來得強烈。**

蛋白質分解後會形成胺基酸。微生物會代謝胺基酸，從胺基酸內含的胺基產出氨。另外，一種內含硫磺，名叫半胱胺酸的胺基酸，這種胺基酸也可能形成會硫化氫。還有許多會產生低級脂肪酸（脂酸）的微生物，這些微生物製造的脂肪酸同樣會形成頗強烈的臭味。其實還滿多發酵食物會發出這類臭味。**有人聞了覺得不舒服，但對於常吃發酵食物的人而言，那股氣味才是魅力所在。**

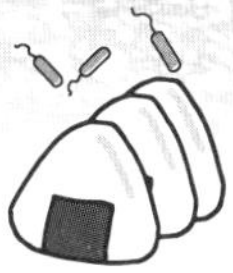

食物長了有害微生物會怎樣？

	潛伏期	常見食品	症狀
金黃色葡萄球菌	1～5小時	飯糰、壽司、生魚片等。	噁心、嘔吐、上腹部疼痛、腹瀉等。一般而言12小時內便能痊癒，但也曾出現免疫力差的高齡患者致死的案例。
肉毒桿菌	潛伏期長，可達8～36小時	發酵食品、真空包裝食品、香腸、飯壽司（いずし）等。	麻痺、複視（1個物像看成2個的情況）、構音異常（說話時咬字不清）、呼吸困難等。透過目前的治療技術，死亡率已降至10%以下。
腸炎弧菌	12～24小時，好發於夏季	未加熱的海鮮、生魚片等。	腹痛、腹瀉、嘔吐等。死亡率低。
沙門氏菌屬	24小時～2天	生肉、雞蛋、沙拉等。	發燒、腹痛、腹瀉、嘔吐等，死亡率為0.1～0.2%。
曲狀桿菌	2天，較長甚至可達11天	加熱不足的雞、豬、牛肉，以及雞蛋、生乳、生牛肉片、生肝等。	頭痛、腹痛、腹瀉、嘔吐等，發病後2週內甚至會併發格林—巴利症候群（GBS），出現運動麻痺、呼吸麻痺症狀，死亡率低。
病原性大腸桿菌	3天～8天／O157型等腸道出血性大腸桿菌	無特定食物，但較常見於生牛肉。	腹痛、拉水便、血便、類感冒症狀等，死亡率為1～5%。
李斯特菌屬	1天～，較長甚至可達1個月	乳製品、肉製品、沙拉等。	發燒、疲倦感、頭痛、肌肉痛、關節痛等，有報告指出死亡率可達10%。
產氣莢膜梭菌	8～24小時	肉類料理。	腹部不適、腹瀉等。少有死亡案例。
仙人掌桿菌	30分鐘～6小時	加熱不足的雞、豬、牛肉，以及雞蛋、生乳、生牛肉片、生肝等。	頭痛、腹痛、腹瀉、嘔吐等，偶爾會出現急性肝衰竭的死亡案例。
諾羅病毒（諾羅為屬名，正式全名為諾沃克病毒）	非細菌，由病毒造成的感染。潛伏期為24小時～2天	遭汙染的雙殼貝、加熱不足的食品。病毒會透過患者的糞便、嘔吐物或飛沫傳染。	上腹部疼痛、噁心、嘔吐、腹瀉等，少有死亡案例。

02 世界上殺死最多人的微生物是什麼？

比鼠疫還危險，狀似感冒卻非感冒的流行性感冒

在人類史上，**鼠疫被認為是造成最多人犧牲的細菌性傳染病**。如今出現了一個**致死人數匹敵鼠疫，數量還可能繼續增加的疾病，那就是流行性感冒（流感）**。

流行性感冒的症狀與感冒相似，但**與感冒不太一樣的地方在於流感會快速出現發高燒、頭痛、關節痛、肌肉痛、全身疲倦等症狀**。每年到了冬天就會爆發流感，**美國疾病管制中心（CDC）曾估算，每年全球死於季節性流感的人數為29萬~65萬人**。它就像西元2020年起肆虐各地的新型冠狀病毒一樣，會引發**「全球大流行（Pandemic）」**。

另外，**較為人所知的全球大流行還包含了西元1918年的西班牙流感，死亡人數為5000萬~1億人；西元1957年的亞洲流感，死亡人數超過200萬人；西元1968年的香港流感，死亡人數為100萬人。西元2009年的新型流感（H1N1）亦造成2萬人死亡**。

西元2019年~2020年期間，美國更是爆發了非常嚴重的流感。美國CDC表示，該段期間有2200萬~3100萬人得到流感，死亡人數推估為1萬2000人~3萬人。

流行性感冒是由病毒造成的傳染病。**流感病毒可分成A、B、C型3類**。

A型流感病毒又可分成多種亞型。**西元2009年造成全球大流行的H1N1流感又**

名叫豬流感。A型流感病毒表面的蛋白質又可分成H抗原和N抗原兩種，並發現了16種H抗原及9種N抗原（截至西元2020年9月）。這些抗原可組合成144（16×9）種亞型。更可怕的是，病毒基因會快速變化，同一類亞型還會出現些微差異，這些變異都可能使準備好的疫苗無法發揮效用。每年流行的病毒株會稍有不同，但一般認為全球在當年度會流行相同的病毒株。

A型流感病毒不只會傳染給人，還會傳染給豬和鳥禽。面對這種傳染範圍廣、傳染速度快的病毒，就需要各種因應措施。

B型、C型流感病毒多樣性相對較低，因此並未細分出亞型。再加上受感染的動物種類少，較不會出現大範圍的感染情況。

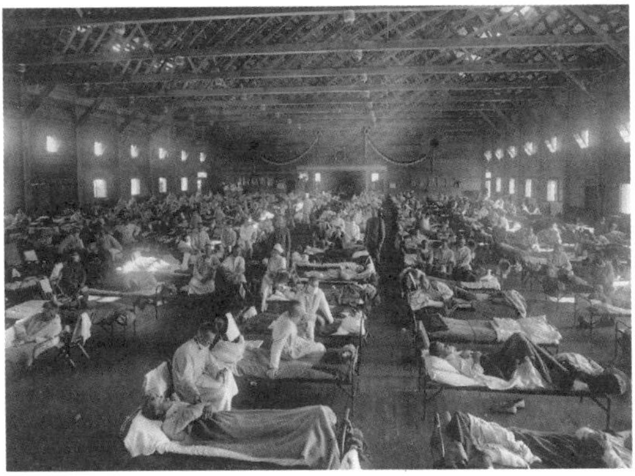

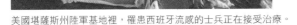

美國堪薩斯州陸軍基地裡，罹患西班牙流感的士兵正在接受治療。

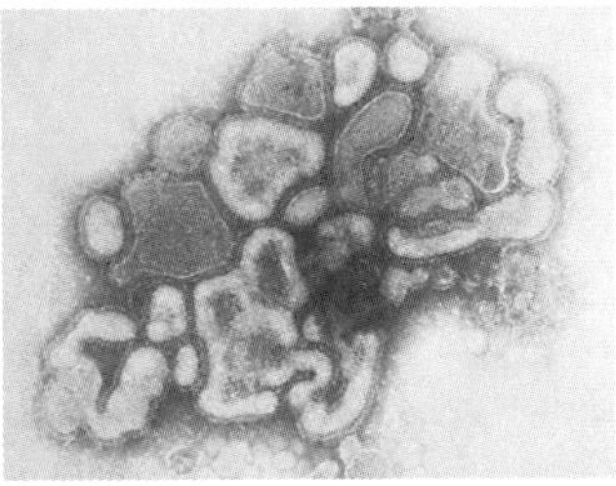

西班牙流感病毒TEM（穿透式電子顯微鏡）攝影

西元1918～1921年引發全球大流行的「西班牙流感」。推估有5億人染病，死亡人數為5000萬～1億人，可說是人類史上最凶狠的傳染病。日本在3次的大流行中也有2380萬人染疫，總計近39萬人死亡。
各位或許會認為，既然名叫西班牙流感，源頭肯定就是西班牙，但事實並非如此。有人說是源自第一次世界大戰期間駐紮於法國的英國陸軍，也有人說是一戰期間的美國堪薩斯州陸軍，還有人說是來自中國，源頭眾說紛紜。俗稱「西班牙流感」，是因為一戰期間參戰國嚴格管制媒體報導疫情，但身為中立國的西班牙聽聞傳言後大肆宣揚，才讓流感得以大規模公開報導。

海報上「儘早處理，快速治癒」的口號，推動日本及早治療西班牙流感的風氣。

03 讓歐洲3次淪陷地獄的鼠疫桿菌是什麼？

為什麼鼠疫桿菌沒有冠上北里柴三郎的名字？

堪稱細菌性傳染病中，帶來最大悲劇的**鼠疫是由鼠疫桿菌（Yersinia pestis）所引發的疾病**。目前已知人類史上曾出現3次大流行，第1次是6世紀至8世紀，第2次發生於14世紀，也是情況最慘烈的一次。鼠疫又名黑死病，當時的黑死病讓人聞之色變，不僅席捲歐洲，更擴及整個世界，推估當時4億5千萬全球總人口中，有1億人死於鼠疫。其後，包含19世紀出現的第3次大流行，鼠疫每每現蹤就會造成數百萬至千萬人死亡。

老鼠等囓齒類動物身上帶有病原體，並經由會出現在人鼠身上的跳蚤傳染給人類。另外也可能是囓齒類經由跳蚤傳給寵物，寵物再傳染給人類。

被帶有鼠疫桿菌的跳蚤叮咬後，多半會出現高燒數日、淋巴結腫大等腺鼠疫所帶來的症狀，是致死率相當高的傳染病。感染後若未治療，6成患者會於1週內死亡。

另外，鼠疫患者咳嗽時也可能會傳播鼠疫桿菌，一旦侵入人體，被傳染者就會出現肺鼠疫症狀，甚至有報告指出，未做任何治療會於3天內死亡。

擁有瑞士、法國國籍的葉赫森（Alexandre Yersin）以及日本的北里柴三郎各自在香港發現了鼠疫桿菌。不過，因為葉赫森提出的資料較能證明鼠疫桿菌就是造成鼠疫的原因，因此**以葉赫森之名，將鼠疫桿菌命名為「葉赫森菌（Yersinia pestis）」**。隨著環境衛生的進步

與抗生素等治療問世，目前罹患鼠疫的人數已經減少。根據世界衛生組織（WHO）的報告，西元2010～2015年這5年間有3248人感染鼠疫，其中有584人死亡，所以即便到了今日也不能對鼠疫完全鬆懈。

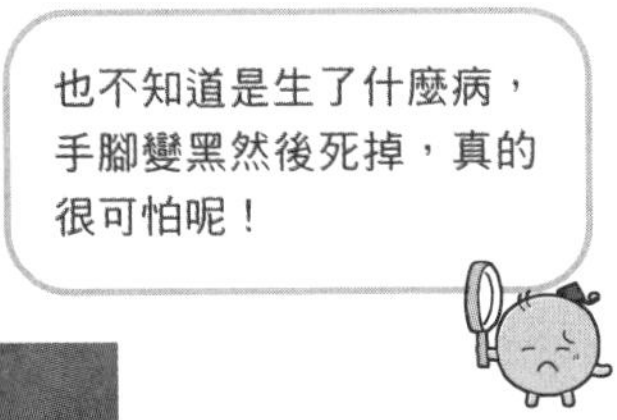

薄伽丘（西元1313～1375年）

義大利佛羅倫斯詩人、人文學者、作家的薄伽丘著作《十日談》中的插畫。描述西元1348年佛羅倫斯因為黑死病屍橫遍野的模樣。《十日談》在講述10位貴族為了遠離黑死病，在逃至郊區的10天期間所講述的100則故事。

出處：英國／Wellcome Collection

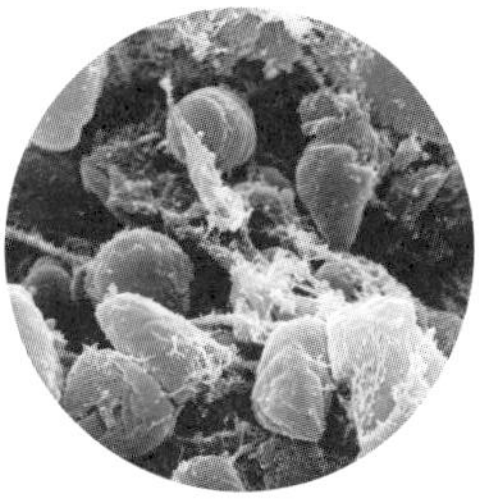
鼠疫桿菌

17～18世紀，在歐洲為人治療鼠疫的鳥嘴醫生。當時人們認為鼠疫是經由瘴氣傳染，所以鳥嘴醫生會戴上鳥喙處塞入大量辛香料的鳥頭面具，預防遭到傳染（西元1656年史納伯．馮．羅馬醫生描繪的版畫〈保羅．佛斯特〉）。

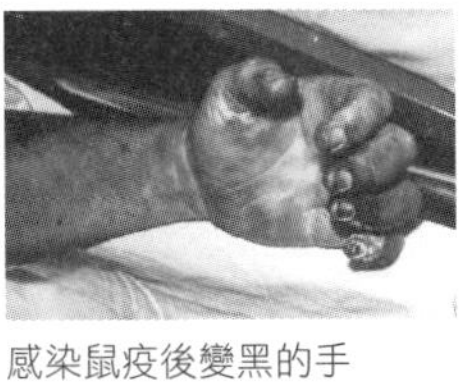
感染鼠疫後變黑的手

04 能預防傳染病的疫苗是什麼？

疫苗可分成活性疫苗和不活化疫苗兩類

當細菌或病毒入侵人體，在體內繁殖，擾亂身體機能後，就會引發傳染病。不過，**某些傳染病只要得過一次就能終身免疫**，麻疹就是最常見的例子，日本大多數兒童會在1歲及5～6歲期間接種疫苗，因此日本國內的麻疹傳染率非常低。

那麼，疫苗究竟是什麼呢？

當人類感染了病毒或細菌，體內就會形成抗體去對抗病原體。抗體會辨識出特定病原體並與其結合。我們身體的防禦機制**會在與病原體結合的抗體做記號，接著將病原體排出體外。**所以，**抗體等同於會告訴身體防禦機制有異物的標記。為了以人為方式產生抗體，就必須將無毒、減毒的病原體或部分病原體投入體內，這種病原體就是疫苗。**透過疫苗接種，讓你我體內形成抗體，對抗病原體。

目前疫苗可分成兩大類，一種是**活性疫苗，使用經減毒或減毒處理的細菌和病毒製成。**因為結構和感染的病原體相近，可以讓人體擁有的免疫功能發揮到最大值，不僅免疫力表現佳，對疾病的防護持續性也相當好。然而，即便已做減毒處理，藉由病原體之力還是有可能產生傳染時會出現的副作用。

另一種是**不活化疫苗，使用的是已經死亡的細菌和病毒。**注射後雖然沒有副作用，但持續性不及活性減毒疫苗，有時還需接種多次。

此外，還有像是取用部分病原體，或是透過基因重組製造出部分病原體的疫苗，這些基

本上也都被廣泛歸類為活性減毒疫苗。目前全球開發的新冠肺炎疫苗也是以相同方式製成。

18世紀至20世紀的疫苗開發歷程

※首次完成疫苗開發的時間

○1796年　牛痘疫苗／世界首支疫苗
○1879年　霍亂疫苗
○1881年　炭疽病疫苗
○1882年　狂犬病疫苗
○1890年　破傷風疫苗
○1890年　白喉疫苗
○1896年　傷寒疫苗
○1897年　鼠疫疫苗
○1926年　百日咳疫苗
○1927年　結核病疫苗
○1932年　黃熱病疫苗
○1937年　斑疹傷寒疫苗
○1945年　流行性感冒疫苗
○1952年　小兒麻痺疫苗
○1954年　日本腦炎疫苗
○1957年　腺病毒疫苗
○1962年　小兒麻痺口服疫苗
○1964年　德國麻疹疫苗
○1967年　腮腺炎疫苗
○1970年　德國麻疹疫苗
○1974年　水痘疫苗
○1977年　肺炎鏈球菌疫苗
○1978年　腦膜炎疫苗
◉1980年　WHO在第33屆世界衛生大會正式宣布根除天花
○1981年　B型肝炎疫苗
○1985年　B型流感嗜血桿菌疫苗
○1992年　A型肝炎疫苗
○1998年　萊姆病疫苗
○1998年　輪狀病毒疫苗

愛德華．詹納（Edward Jenner；西元1749～1823年）
英國醫師。西元1796年為了預防天花，開發出人類史上第一支疫苗。採行比既有人痘接種法更安全的種痘法（牛痘接種），其豐功偉業更讓詹納被譽為「近代免疫學之父」。

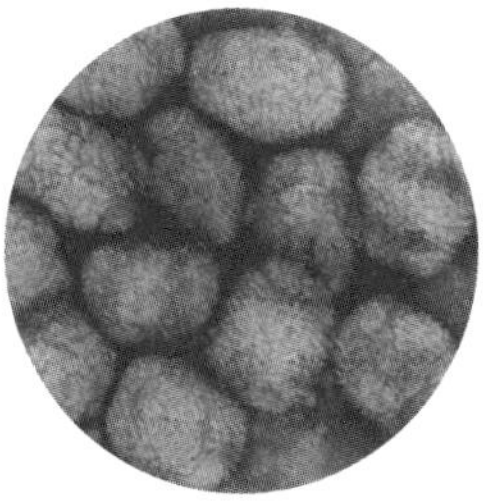

牛痘疫苗

05

過去也曾現蹤日本的瘧疾是什麼？

日本從3～4世紀持續發生至二次戰後的間日瘧

瘧疾，是被帶有瘧原蟲的瘧蚊叮咬後會感染的疾病。目前在熱帶及亞熱帶地區仍相當流行。世界衛生組織（WHO）推估，每年約有2億2千萬人感染瘧疾，造成43萬5千人死亡。

會傳染給人類的瘧原蟲共有5種，分別是**惡性瘧（又稱熱帶瘧）原蟲（Plasmodium falciparum）、間日瘧原蟲（P.vivax）、三日瘧原蟲（P.malariae）、卵形瘧原蟲（P.ovale）和諾氏瘧原蟲（P.knowlesi）。**

瘧疾過去也曾現蹤日本。最古老的紀錄可回溯至《大寶律令》（西元701年）中提到的「瘧」，某些地區提到的「瘧病」「瘴癘」「風氣」「泥沼病」指的應該也都是瘧疾。

日本是在明治時期之後，才開始出現瘧疾（マラリア）這個名稱，日本較常見的瘧疾為間日瘧（土着マラリア）。西元1901年駐屯於北海道深川市的屯田兵與其家人間爆發瘧疾，導致當時約有5分之1的人口都受到感染，另有資料顯示，**西元1903年全日本的患者為20萬人。**不過，在開始使用蚊帳、蚊香、改善生活環境、整治溼地、噴灑殺蟲劑後，被瘧蚊叮咬的機率便降低許多，**西元1935年的感染人數得以降至5千人。**

然而，第二次世界大戰結束，超過5百萬名日本人返抵國門時，推估裡頭有高達95萬人感染瘧疾，讓人擔憂可能會再度引爆大流行。

所幸**西元1946年罹病人數2萬8千2百人**

達高峰後，西元1951年便降至5百人以下。其後日本幾乎不曾再出現瘧疾的境內感染案例。

目前日本還是有在海外感染，回國後發病的案例，每年約為100～150例。隨著地球暖化，氣溫上升，也有人預測瘧疾可能會在日本捲土重來。不過，以目前的房屋設計來看，基本上都能充分預防蚊子入侵，所以**除非真的發生了因暖化造成大量房屋毀損的大災害，否則瘧疾應該不太可能再次大流行。**

惡性瘧是症狀最嚴重的瘧疾。除了容易引發重症，死亡率也很高呢！

瘧疾感染風險地圖

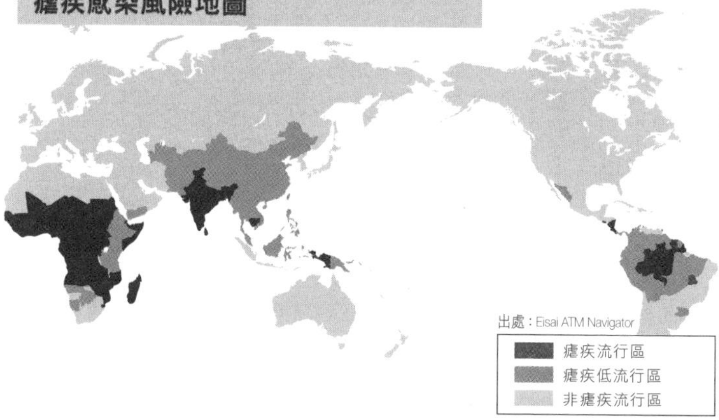

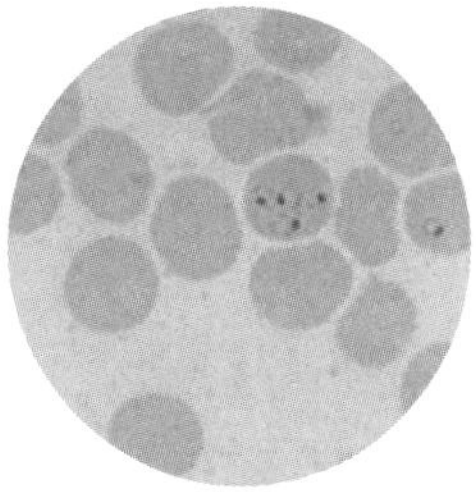

寄生於紅血球的瘧原蟲
照片出處：美國CDC

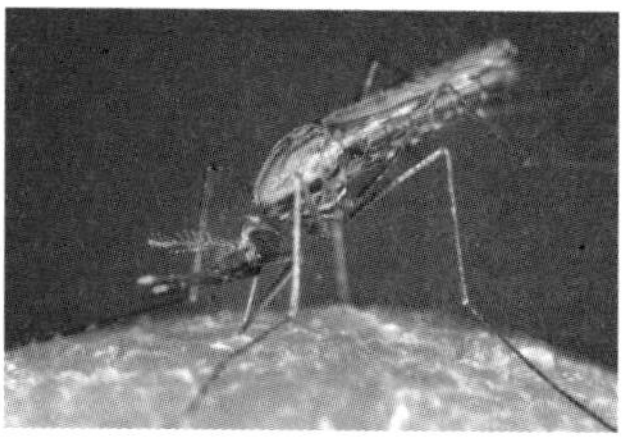

帶有瘧原蟲的瘧蚊
照片出處：美國CDC

《平清盛炎燒病之圖》，描繪死於瘧疾的模樣。
（西元1883年、月岡芳年繪）

06 直到今日也很可怕的傳染性結核病是什麼？

人類自古便受其所苦，至今仍止不住傳染的結核菌

結核病在明治初期以前都稱為「癆」，是死亡率很高的疾病。**結核病是由名為結核菌（Mycobacterium tuberculosis）的病原菌所引起，發現者為近代細菌學之父——羅伯特．柯霍。**即便到了今日，**結核病仍是全球感染死亡人數前十大的傳染病。**

全球每年會新增1千萬名染疫者，推估總感染人數約為20億人，每年甚至有高達120～150萬名患者死於結核病。**日本於西元2018年的結核病患者為3萬7134人，其中1萬5590人是新染疫者，死亡數更達2204人。**

結核菌傳染力強，會透過噴嚏或咳嗽飛散，形成飛沫傳染。一旦結核菌進入體內，就會開始在感染部位生長，這時身體會立刻啟動防禦機制，名為巨噬細胞（Macrophage）的白血球以及淋巴球會包圍並吞噬結核菌，那麼結核菌就會停止生長，不至於發病。然而，**結核菌就算被巨噬細胞包圍也還能存活，**所以會繼續潛伏在原本的位置。感染多年後，**一旦患者因為某些原因導致免疫力下降，結核菌就會脫離包圍，在他處引發感染。**

結核菌較常在肺部引發新的感染，造成肺結核。**不過它也能在各種器官組織內生長，所以腦部、骨骼、淋巴結等都有可能遭入侵。**罹患結核病一定要接受治療，稍有輕忽將會因此喪命。

卡介苗是目前用來預防結核病的疫苗。**它**

是將牛型結核桿菌（M. bovis）多次人工培養而成，對人體幾乎不具病原性的活性減毒疫苗。

日本於西元1951年制定結核病預防法後，開始對學童進行結核菌素測驗，並針對陰性者給予接種卡介苗。歷經多次修法，**目前規定嬰幼兒必須在1歲前接種卡介苗**，這也使得日本罹患結核病的兒童人數稀少。反觀，**不曾接種卡介苗的高齡者發病數就相當多。**

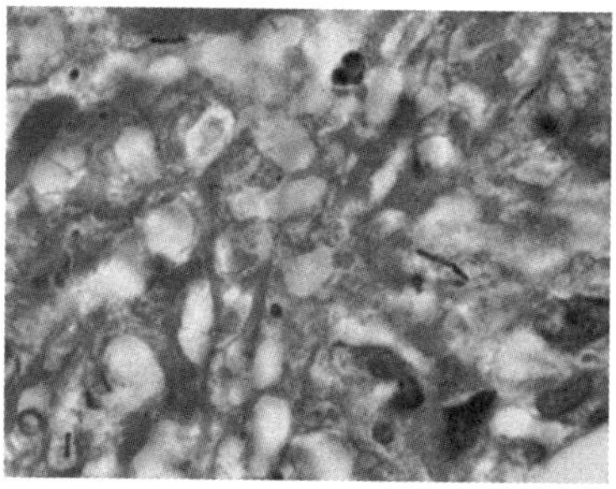

遭到結核病浸潤的組織

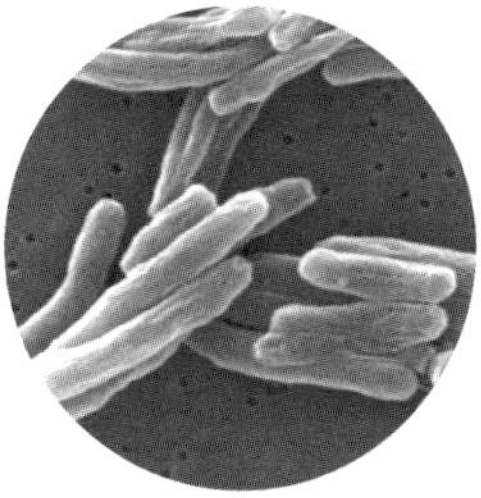

結核菌
（Mycobacterium tuberculosis）

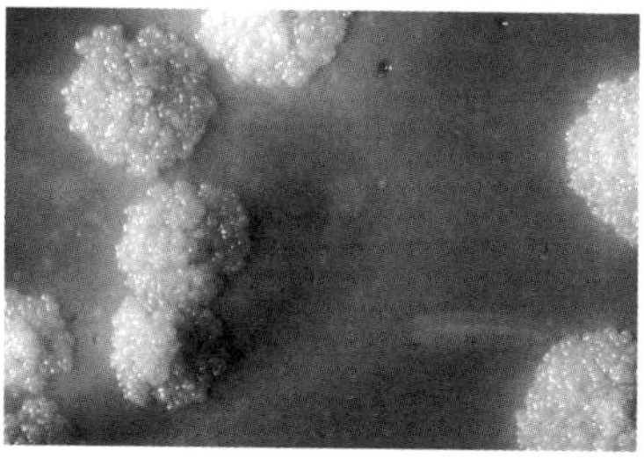

培養後的結核菌菌落

日本8成的結核病雖然都是肺結核，但結核菌還是會入侵腎臟、淋巴結、骨骼、腦部其他身體各個部位。日本俳人正岡子規就是因為感染結核病後，轉變成骨髓炎過世的。

07

O157型這類病原性大腸桿菌是什麼？

會產生Vero毒素，引發出血性腹瀉與腦膜炎的微生物

大腸桿菌（Escherichia coli）如同其名，是存在於動物腸道內的細菌。一般而言，大腸桿菌並沒有害處。**大腸桿菌的細胞壁表面存在一種由脂質和糖分組成、名叫脂多醣的成分。**脂多醣又名為**O抗原**。O抗原有非常多結構，發現編號第157號結構的O抗原就叫作O157。

病原性大腸桿菌是指帶有特定病原性的大腸桿菌。其中，腸道出血性大腸桿菌會產生Vero毒素（毒素蛋白質），引發出血性腸炎或溶血性尿毒症候群。雖然O157型知名度最高，但**O26、O111、O121、O128**也都是會引起相同症狀的同類型大腸桿菌。

Vero毒素分成兩大類，一種是會產生和赤痢志賀氏菌相同毒素的**VT1**，以及結構不同的**VT2**。腸道出血性大腸桿菌會產生至少一種Vero毒素。

為什麼病原性大腸桿菌會產生不同於其他大腸桿菌的毒素呢？

根據DNA的分析結果，發現**應該是病毒噬菌體（Bacteriophages）感染細菌後，將赤痢志賀氏菌的毒素基因帶入大腸桿菌中。**像這種不同物種間的基因轉移又稱為**水平基因轉移**。

一旦人感染了帶有Vero毒素的大腸桿菌，**Vero毒素就會對腸道細胞帶來傷害，形成出血性腹瀉。**毒素甚至會透過血管來到全

身，**在腎臟引起溶血性尿毒症候群，在腦部引起急性腦膜炎。**

和其他的食物中毒一樣，病原性大腸桿菌也好發於夏季，不過冬天還是有可能遭受感染。病原性大腸桿菌會生長於動物腸道，萬一在處理食用肉品時不慎觸摸到腸道組織，或是觸碰食品的手曾遭感染者的糞便汙染，都會使大腸桿菌入侵。食品加熱能殺死O157型大腸桿菌，因此務必充分加熱才能預防感染。

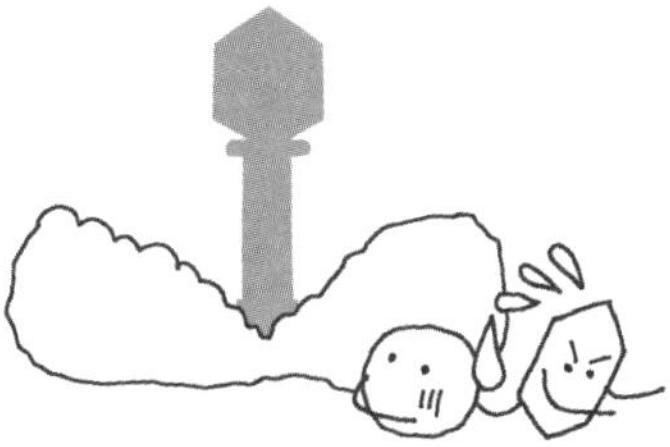

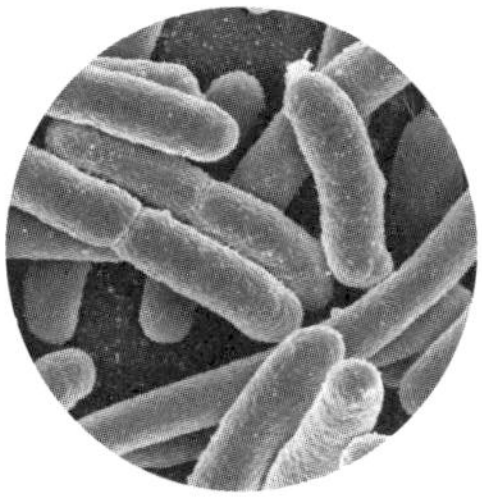

病原性大腸桿菌

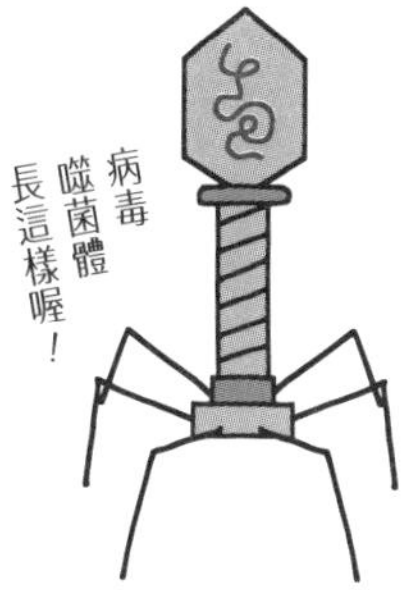

一旦O157型腸道出血性大腸桿菌的Vero毒素進入體內，潛伏3～8天後就會發病，出現次數頻繁且伴隨腹痛的水便。接著會拉血便，甚至引起腦膜炎、溶血性尿毒症候群（HUS）等嚴重併發症，兒童與高齡者須特別注意。

O157型大腸桿菌的Vero毒素會阻礙細胞合成蛋白質並殺死細胞，也可能對腎臟、腦部、肺部帶來傷害。Vero毒素分成VT1和VT2，聽說VT2的毒性比VT1還強。對了……VT1和西元1897年日本細菌學家志賀潔（1871～1957）發現，由赤痢菌產生的「志賀毒素（Shiga toxin）」其實是同一種毒素呢。
簡單來說，噬菌體就是感染了細菌後，會在細菌裡增生的病毒。前面1-4的〈細菌和病毒都是微生物的同類？〉也有提到噬菌體，指的都是病毒喔。不過，這傢伙卻將赤痢菌的毒素基因帶入大腸桿菌裡，根本就是不受歡迎的走私者啊！

08 會引起食物中毒的微生物是什麼？

細菌或病毒在消化道、腸道或食品裡繁殖後引發中毒

夏天食物容易損壞，發生食物中毒的機會也隨之增加。食物中毒究竟是怎麼發生的呢？原因其實很多，包含了細菌、病毒、自然毒素、化學物質、寄生蟲。細菌造成的食物中毒除了前頁提到的腸道出血性大腸桿菌外，還有很多種類。**根據日本厚生勞動省於西元2019年的統計，食物中毒件數由多到寡排列，原因依序為海獸胃線蟲（Anisakis，寄生蟲）、曲狀桿菌、諾羅病毒、產氣莢膜梭菌、腸道出血性大腸桿菌。罹病人數多寡則依序為諾羅病毒、曲狀桿菌、產氣莢膜梭菌、腸道出血性大腸桿菌、沙門氏菌。**

細菌性食物中毒主要有三種模式。

第一種為「感染型」，是指細菌直接進入體內，侵入腸道等消化道管壁，攻擊表面的細胞，造成腹痛與腹瀉。較常見的病原體有曲狀桿菌、沙門氏菌及腸炎弧菌。曲狀桿菌與沙門氏菌會侵入腸道上皮細胞。腸炎弧菌則會產生溶血毒素，攻擊腸道細胞。

第二種為「毒素型」，是指細菌在食物中大量繁殖並產生毒素，由毒素引發的食物中毒。如金黃色葡萄球菌及肉毒桿菌就會在不同的食物中繁殖，並分別形成腸毒素與肉毒桿菌毒素，這些毒素在腸道內起作用後，便會引發食物中毒。

第三種為「中間型」，是指細菌侵入腸道並大量繁殖，不僅形成芽胞這種具有耐熱性的胞子，也會產生毒素，引發食物中毒。較常見

的病原體有產氣莢膜梭菌和仙人掌桿菌。

話雖如此，但其實我們都盡可能地避免會致發食物中毒的細菌侵入食物，造成上述種種狀況（參考P89表格「食物長了有害微生物會怎樣？」）。

海獸胃線蟲會在海中孵化，並寄生於磷蝦等甲殼類動物。當胃線蟲長成幼蟲，會轉而寄生於吃下甲殼類的鯖魚、鮭魚、烏賊，在這群中間宿主身上繼續長大。接著，中間宿主又會被最終宿主的海豚、鯨魚吃掉。海獸胃線蟲的成蟲會在鯨魚等動物的腸道內棲息產卵，產下的卵會隨著排泄物流到大海。卵在海裡孵化後，又再次寄生於甲殼類動物……就這麼地不斷循環。
如果魚寄生了海獸胃線蟲，人們又把魚做成的生魚片吃下肚，部分活體胃線蟲裡可是強大到能貫穿消化道管壁，造成穿孔性腹膜炎或寄生蟲性肉芽腫，這些都會讓人深受嘔吐或劇烈腹痛所苦。一般會依寄生部位細分成胃部海獸胃線蟲症、腸道海獸胃線蟲症、腸道外海獸胃線蟲症，沒有特效藥可以治療，所以要多加小心！

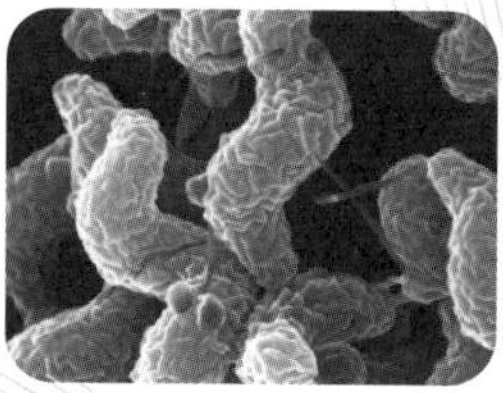

曲狀桿菌

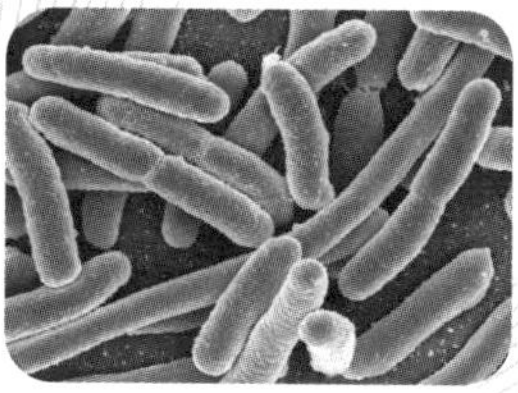

腸道出血性大腸桿菌

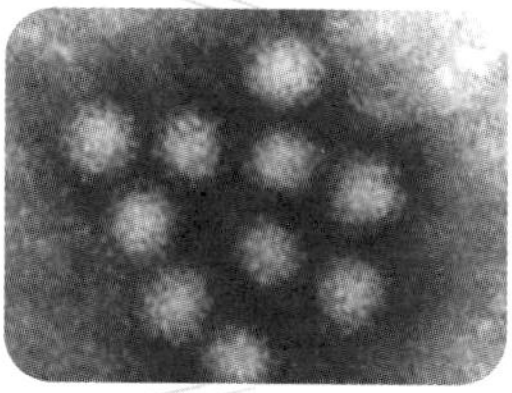

諾羅病毒

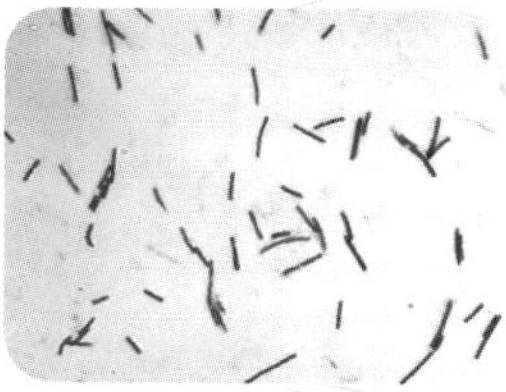

經革蘭氏染色後的產氣莢膜梭菌

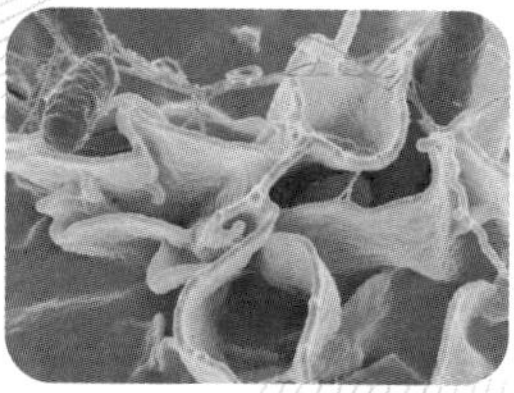

沙門氏菌屬

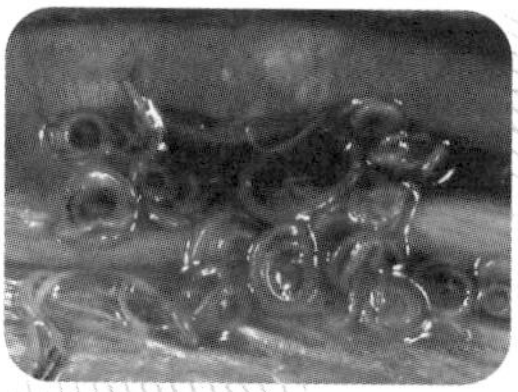

雖然不是微生物，但海獸胃線蟲的幼蟲可是最常引起食物中毒的原因。

09 會引起食物中毒的病毒是什麼？

輪狀病毒與諾羅病毒是會造成上吐下瀉的病毒

前一頁討論了會引起食物中毒的細菌，另外**還有一種是大家熟悉的病毒性食物中毒，其中又以諾羅病毒最為常見。**

當夏天來臨，氣溫變高，食物變得容易繁殖細菌，這時就會出現細菌性食物中毒。不過**諾羅病毒引起的食物中毒較常見於秋、冬季，**與細菌性食物中毒的流行季節稍有差異。

以目前所知，諾羅病毒為諾羅病毒屬，牠和冠狀病毒一樣雖然都是RNA病毒，卻不像冠狀病毒身上帶有一層名為封套（envelope）的膜狀結構。另外，諾羅病毒的形狀是直徑30～38nm的正二十面體。

當病毒經口傳染進入人體到達小腸，便會感染小腸腸壁的細胞並開始繁殖，引起食物中毒。一旦繁殖的病毒使細胞破裂，就會釋放至腸道內，再次感染細胞。**受感染的小腸腸壁細胞剝落後，便會出現嘔吐、腹瀉、發燒、畏寒等症狀。**

一般認為，牡蠣等甲殼類出現生物濃縮現象，人類食用後才會引起食物中毒。不過目前有發現因為觸摸到便器、門把後，經由糞便或嘔吐物感染食物中毒的案件數也不斷增加。

諾羅病毒能在牆壁或門片表面存活數週，再**加上沒有封套結構，所以就算用酒精或肥皂洗手也無法使病毒失去活性。**

輪狀病毒同樣是會引起食物中毒的病毒。牠的傳染力強，會感染給嬰幼兒，不過只要感染過基本上就能免疫，因此大人幾乎不會再得

到輪狀病毒。**學齡前兒童的急性腸胃炎多半都是由輪狀病毒造成。**

會造成上吐下瀉的病毒性腸胃炎主要皆由這兩種病毒所引起。

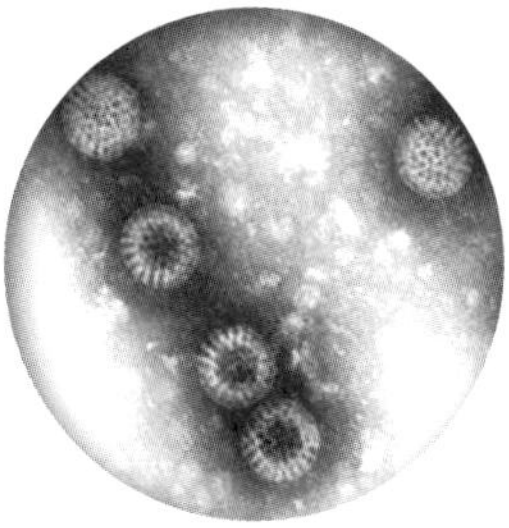

輪狀病毒

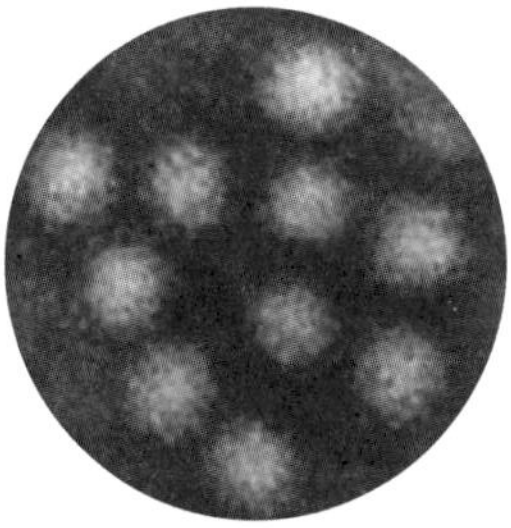

諾羅病毒

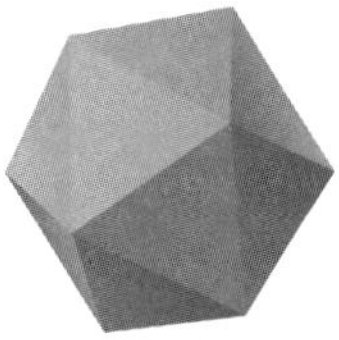

形狀為正二十面體
的諾羅病毒

羅病毒原本被稱作「諾瓦克病毒」，是因為西元1968年在美國俄亥俄州諾瓦克（Norwalk）的小學曾發生過集體食物中毒，並從發病學生身上檢出病毒，於是命名諾瓦克。不過在西元2002年的國際病毒學會議（ICTV）上正式將其分類為諾羅病毒屬（Norovirus）。

諾羅和輪狀病毒都是好發於冬季至隔年春季的急性腸胃炎，諾羅病毒的感染者數會自11月開始增加，並在12～1月邁入高峰，輪狀病毒的感染者數則會從1月左右開始攀升，並於3～5月達到流行高峰。

10 會引起嚴重食物中毒的細菌是什麼？

在無氧環境也能繁殖的肉毒桿菌毒素最厲害

引起食物中毒的細菌中，最可怕的就屬肉毒桿菌（Clostridium botulinum）了。肉毒桿菌跟人類不一樣，就算在無氧環境也能生存，所以**就算空氣被阻斷，肉毒桿菌還是能在幾近無氧的環境下繁殖。**

舉例來說，牠能在罐頭、香腸等加工食品裡神不知鬼不覺地繁殖。**肉毒桿菌會製造出號稱自然界裡最厲害的肉毒桿菌毒素**，這是種能阻斷神經傳遞的神經毒素，**致死劑量只需1μg（微克；1g的10萬分之1）以下，30ng（奈克；1g的1億分之1）就能引發中毒，甚至因此死亡。**也因為肉毒桿菌擁有強大毒性，便曾有人將其用來作為恐攻。

肉毒桿菌還會長出很可怕的芽胞，**這種芽胞非常耐熱，如果不以100℃煮沸6小時，將無法殺死肉毒桿菌芽胞。**一旦食材加熱不完全，連同肉毒桿菌芽胞製成罐頭的話，芽胞就會繁殖肉毒桿菌，形成毒素且不斷增生。

嬰兒經口食入肉毒桿菌，便有可能引發嬰兒肉毒桿菌中毒。嬰兒的腸道細菌不像大人一樣發達，一旦肉毒桿菌進入腸道，腸道細菌無法發揮抵禦功效，肉毒桿菌便會在腸內繁殖，形成毒素。這時將有可能出現肢體無力等症狀，若不儘快接受治療，甚至會因此死亡。

亦有報告指出，未加熱處理的蜂蜜也可能造成肉毒桿菌中毒，因此**日本厚生勞動省才會特別呼籲，勿讓未滿1歲的嬰兒食用蜂蜜。**

要從食物分辨有無受肉毒桿菌感染比較困難，不過只要細菌繁殖，容器就會膨脹，打開時也會發出怪味。業者都會非常注意食安，基本上會以120℃加熱4分鐘（相當於100℃加熱6小時），較讓人擔心的反而是自製食品。根據日本國立傳染病研究所的資料，西元1984～2017年期間發生了29起的肉毒桿菌中毒事件，感染人數達104人，其中又以飯壽司（いずし）引起的中毒件數最多。
嬰兒也會罹患肉毒桿菌中毒，西元1986～2017年期間便曾發生37起中毒事件。截至西元1989年，確定由蜂蜜造成的件數為7件，因此日本厚生勞動省在西元1987年開始呼籲勿讓未滿1歲的嬰兒食用蜂蜜。

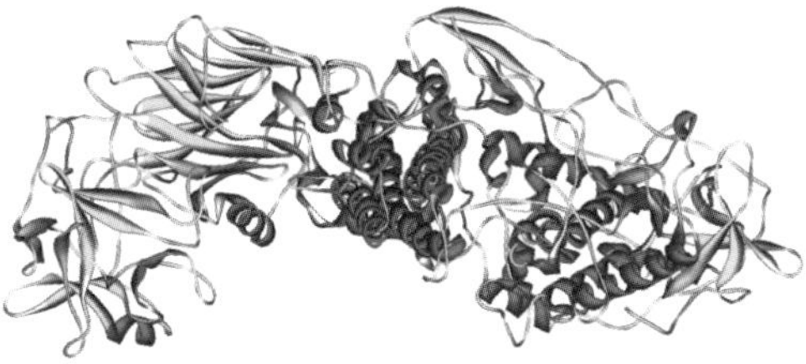

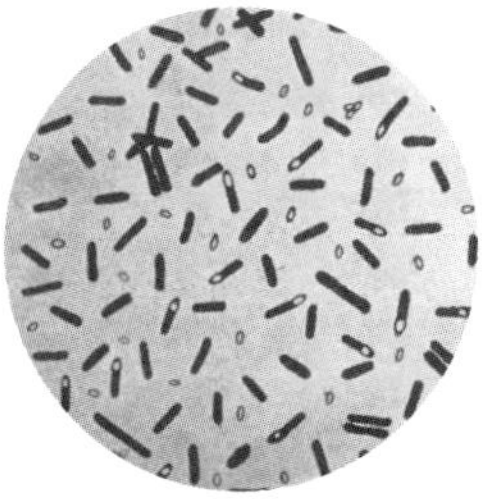

肉毒桿菌

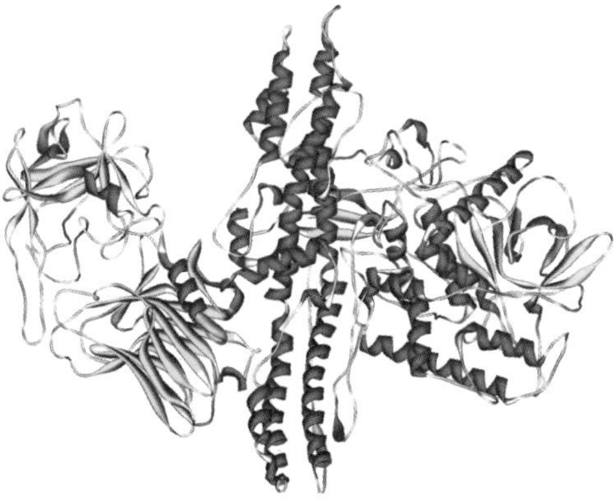

肉毒桿菌毒素（Botulinum toxin）

可能會潛藏
肉毒桿菌的食品

自製罐頭、
自製香腸、
飯壽司等。

11 會經由性行為感染的疾病是什麼？

如果彼此性愛時疏忽檢查，可能會付出慘痛代價

有幾個疾病會透過人與人間的性行為傳染，過去俗稱花柳病，正式名稱為性傳染病，包含了梅毒、淋病、生殖器披衣菌感染、生殖器疱疹、愛滋病等。

梅毒螺旋菌（Treponema pallidum subsp. Pallidum）是梅毒的致病原，目前尚無法人工培養，只能種在兔子的睪丸上。就算出現症狀，過段時間又會讓人誤以為已經康復，延誤治療時機。若不接受正規治療，還可能感染中樞神經系統，發展成神經梅毒，嚴重到因此喪命。

淋病則是黏膜感染了淋病雙球菌（Neisseria gonorrhoeae）就會發病。男性會尿道感染化膿，排尿有劇烈刺痛感。女性罹病時症狀較不明顯，有時則會出現尿道流膿的情況。

披衣菌感染是日本最常見的性傳染病，致病原是砂眼衣原體（Chlamydia trachomatis），男性罹病時多半會尿道發炎，且伴隨痛癢，但程度不像淋病那麼嚴重。女性罹病時無明顯症狀，甚至不會發現自己感染。

生殖器疱疹是由疱疹病毒感染所致，生殖器和其周圍會長出水泡、潰瘍，甚至發癢。一旦惡化將可能全身無力倦怠、淋巴結腫大、疼痛。**只要曾經感染過披衣菌就無法根治**，甚至還會復發，是非常難纏的性傳染病。

愛滋病即是人類免疫缺乏病毒（HIV）感染，此病毒會感染人類的輔助型T細胞。它

最大的特徵在於感染後並不會立刻發病，且毫無自覺症狀。人感染後，體內的HIV病毒**會潛伏數年至數十年不等，一旦患者免疫力變差，才會開始出現伺機性傳染病狀，最終確診「愛滋病毒」**。不只有性行為，HIV還能透過母子垂直感染及血液傳染，是相當惡質的病毒。

另外，HTLV-1（人類嗜T淋巴球病毒）這種會引發白血病的病毒同樣可透過性行為傳染。無論感染哪種病毒，都只能及早發現，儘快接受正規治療。

性行為感染的致病菌與病毒

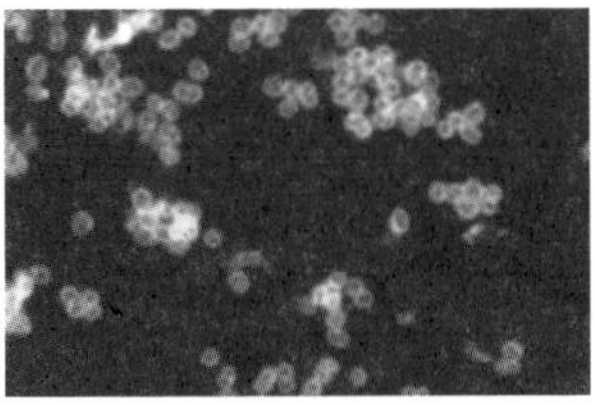

淋病（淋病雙球菌）

一旦男性罹患淋菌性尿道炎，除了排尿時伴隨劇痛、排出膿狀分泌物，多半會同時感染披衣菌。女性則會出現子宮頸炎、喉嚨發炎，甚至造成結膜發炎。須肌肉注射抗菌藥物治療。

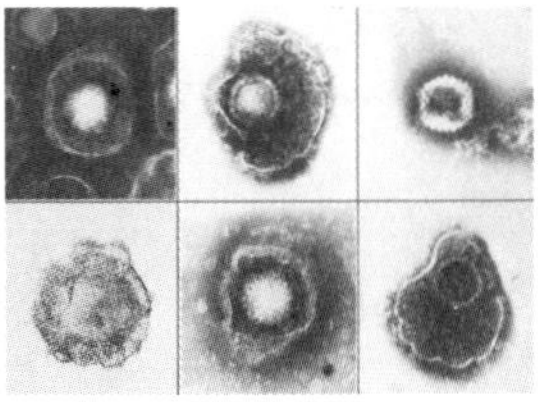

疱疹病毒

感染單純疱疹病毒時，生殖器、皮膚、口腔或嘴唇（口唇疱疹）、眼睛等處將不斷長出會痛的小水泡。發病後雖然能夠復元，但未來仍有可能再次發作，且無完全根治的藥物。

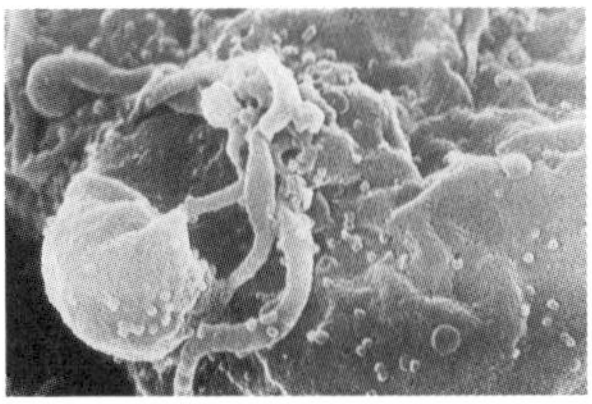

HIV（人類免疫缺乏病毒）

未經治療的話，半數的感染者會在10年內併發愛滋病（後天免疫缺乏症候群）。雖然無法根治，但只要搭配抗反轉錄病毒藥物，抑制病毒增生，加強免疫力，還是能夠對抗愛滋病。

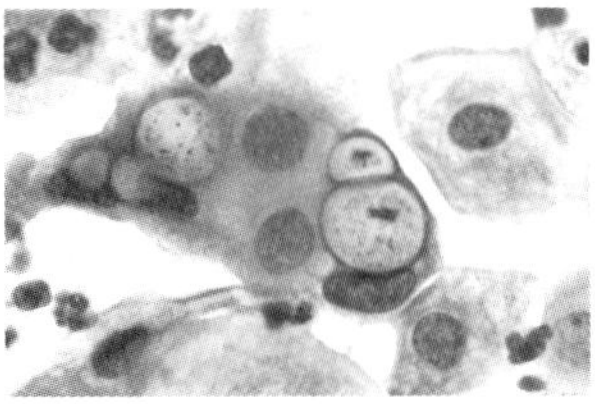

披衣菌（砂眼衣原體）

尿道、子宮頸、直腸、眼睛、喉嚨都有可能感染。男性罹病時會出現排尿疼痛、頻尿。女性罹病後若未積極治療，將增加不孕、流產、子宮外孕風險，是必須投用抗菌藥物加以治療的傳染病。

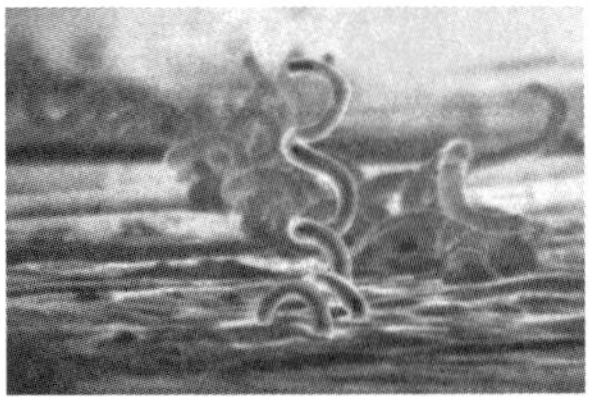

梅毒（梅毒螺旋菌）

根據西元2019年的統計，梅毒在日本的感染人數已連續4年超過1600人。梅毒可依照傳染期程分成一期、二期、三期，並在數十年期間漸趨惡化，甚至死亡。梅毒可以治癒，務必及早發現，進行抗菌藥物治療。

12 世界逾半人口都有感染的幽門桿菌是什麼？

已開發國家與開發中國家的環境衛生差異會反應在幽門桿菌感染者數

幽門桿菌是能夠棲息在人類胃部的細菌，甚至會引起慢性胃炎、胃潰瘍、胃癌。**幽門桿菌全名叫幽門螺旋桿菌（Helicobacter pylori）。**我們過去認為，胃能分泌鹽酸，讓胃液維持強酸性，所以胃裡頭不會有細菌存在。不過，**澳洲的羅賓・華倫（Robin Warren）和巴利・馬歇爾（Barry Marshall）卻在西元1983年發現了螺旋狀的幽門桿菌。**馬歇爾甚至吞下幽門桿菌培養液，用自己的胃確認是否會引起發炎，進而證明了幽門桿菌就是胃炎的致病菌。

幽門桿菌又是怎麼在胃裡存活下來的呢？

巴利・馬歇爾

他與羅賓・華倫發現了幽門螺旋桿菌，並證明它是胃炎及胃潰瘍的致病菌。

幽門桿菌會棲息在胃黏膜，並**在周圍分泌出一種能分解尿素，名為尿素酶（Urease）的酵素，將尿素分解成二氧化碳及氨。氨則會讓周遭的pH值上升，打造出一個能夠繁殖的環境。這時，幽門桿菌會開始分泌其他酵素，分解黏膜，一旦黏膜分解，就無法守護胃壁遭酸侵蝕。幽門桿菌產生的毒素還會傷害胃黏膜，引起發炎。持續慢性發炎，就有可能演變成胃潰瘍甚至胃癌。**

幽門桿菌會經口感染，雖然生水為感染源之一，但有鑑於日本國內的自來水及下水道系統完備，基本上不可能因為飲用生水遭感染。

其實，**幽門桿菌的感染途徑還包含了大人傳給小孩、兄弟姊妹間的家庭感染，以及托兒所、幼稚園等群體接觸所形成的園內感染。**免疫力

較差的幼兒都是感染幽門桿菌的高危險群。

以現在的日本來看，高齡者的感染率為7~8成，年輕族群則為2~3成。這群高齡者的年幼時期正值日本衛生環境惡劣的戰後階段，當然就不難理解為何罹患率如此之高。

據說全球約有一半人口都感染了幽門桿菌。以國別趨勢來看，**已開發國家的感染者數較少，開發中國家的感染者數較多**，便可知數字多寡反應在衛生環境差異上。

其實不只幽門桿菌，絕大多數的傳染病都始於孩童階段。而衛生習慣與衛生環境的改善的確使感染人數逐漸減少，這也證明了**傳染病與衛生條件存在緊密相關**。

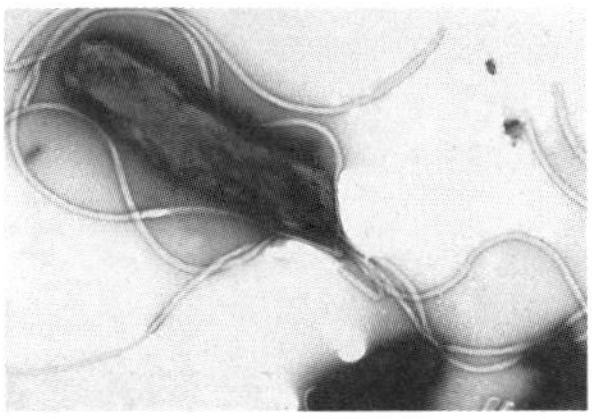

幽門螺旋桿菌

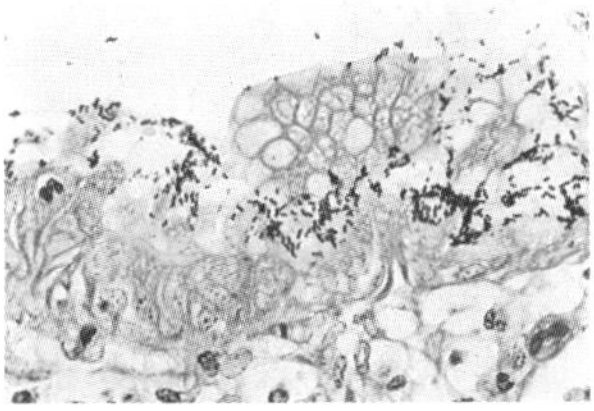

感染幽門螺旋桿菌的胃黏膜上皮組織

照片來源：堤寬（前藤田保健衛生大學醫學系〔現藤田醫科大學〕第一病理學教授，現任職Tsutsumi病理診斷專科診所。）

幽門桿菌基本上會在免疫力較低的嬰幼兒時期經口感染，據說多半要等到數十年後才會發病。開發中國家的孩童感染率超過7成，已開發國家的年輕族群感染率則較低。日本年輕族群的感染率為2～3成，高齡者則因年幼時期的衛生環境惡劣，感染率達7～8成。推估目前全球超過一半的人口皆感染幽門桿菌，可說是世界上最多患病數的單一傳染病。

幽門桿菌的感染途徑

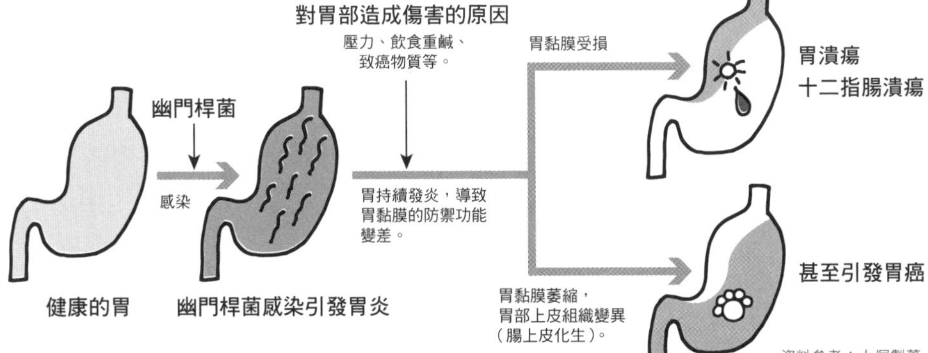
對胃部造成傷害的原因
壓力、飲食重鹹、致癌物質等。
幽門桿菌
感染
健康的胃
幽門桿菌感染引發胃炎
胃持續發炎，導致胃黏膜的防禦功能變差。
胃黏膜受損
胃潰瘍
十二指腸潰瘍
胃黏膜萎縮，胃部上皮組織變異（腸上皮化生）。
甚至引發胃癌

資料參考：大塚製藥

13 因為黴菌所引起的疾病是什麼？

最可怕的黴菌——粗球黴菌會奪人性命

黴菌會引發幾種疾病，像是足癬這類會發生在身體表面的稱作**皮膚真菌感染**。但其實還有不同於皮膚真菌感染，會直達身體深處造成感染的微生物。**這些微生物絕大多數都是當身體免疫力下降，就會造成伺機性感染的病菌。**日本較常見的有**麴菌病**（Aspergillosis）、**毛黴菌傳染病（Mucormycosis，亦稱白黴菌症）**。

麴菌病是因為吸入麴菌（Aspergillus）胞子所引起，胞子會在肺部增生，並破壞組織。情況嚴重的話還會演變成侵襲性麴菌病，擴散至整個肺部，甚至波及腦部、心臟、肝臟、腎臟。一般較為人所知的**煙麴黴菌**（**Aspergillus fumigatus**）就是初期感染常見的麴黴菌。

毛黴菌傳染病則是Rhizopus、Rhizomucor、Absidia、Mucor等菌屬所引起的一種真菌傳染病。人一旦吸入胞子，鼻子、鼻竇、眼睛、腦部都會感染，甚至死亡。胞子進入肺部時稱作**肺白黴菌病**，另外，也有可能感染消化道。

這些黴菌無所不在，胞子平常會飄散於空氣中，健康的人並不會因為吸入空氣就引發傳染病。

不過，黴菌引起的疾病中，最可怕的就屬**球黴菌症**。它的致病菌為**粗球黴菌**（**Coccidioides immitis**），只分布在美洲大陸的乾燥地區。

粗球黴菌會在下雨過後伸長菌絲，並產生節生胞子，隨風飄散。一旦吸入胞子，就算非

常少量還是會感染，出現類似感冒的症狀。一旦感染變嚴重，**擴散至全身的話，半數的人可能因此喪命**，所以對菌類缺乏免疫的人必須特別注意。

由於從海外新傳入日本國內的菌類數不斷增加，使得日本也開始嚴防這類**移入性真菌病（Imported Mycoses）**。

日本常見的致病真菌

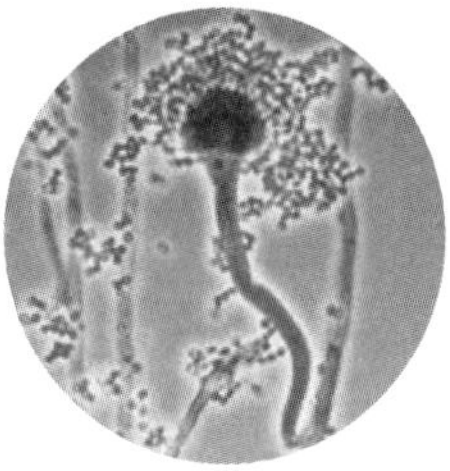

煙麴黴菌

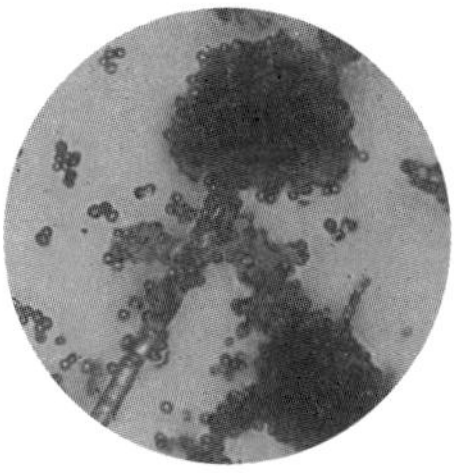

根黴菌（Rhizopus）

世界上最可怕的致病真菌

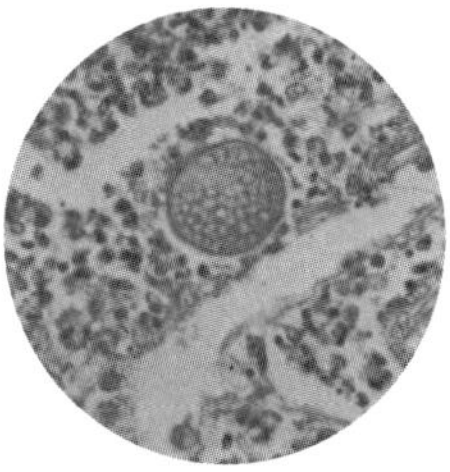

粗球黴菌

一旦免疫力變差，常駐菌就有可能會引發伺機性感染，造成麴菌病。還可以細分成肺麴菌病、侵襲性肺麴菌病、過敏性支氣管與肺麴菌病、表淺性麴菌病呢。
毛黴菌傳染病雖然也是伺機性感染，不過是因為吸入根黴菌（Rhizopus）、Absidia等菌屬的胞子後造成感染。聽說肺白黴菌病和鼻腦白黴菌病都很可怕，就算靜脈注射高劑量的抗真菌藥物，很多患者還是救不回性命。不過，最可怕的聽說是球黴菌症，這是會出現在美國加州、亞利桑那州西南部、中南美洲乾燥地區的真菌病，據說只要吸入些許的粗球黴菌胞子就會感染，接著出現感冒症狀及紅斑，甚至引發腦膜炎。就算投用抗真菌藥物治療，也有半數的人無法獲救。

14 母親會傳染給嬰兒的疾病是什麼？

母親染病給嬰兒的途徑有三種

媽媽的肚子會保護還是胎兒的寶寶。媽媽擁有的免疫力也會透過臍帶傳給寶寶，讓寶寶出生後，還能繼續受到媽媽的保護。

不過，媽媽也可能會把疾病傳給嬰兒。至於何時發生感染，以及從何處感染會分成三種模式。

第一種是嬰兒在母親肚子時受感染的先天感染。

第二種是嬰兒出生時經產道受感染的產道感染。

第三種是母親哺餵母乳感染嬰兒的哺乳感染。

會造成先天感染的病原體中，較常見的包含了弓形蟲、梅毒、德國麻疹、巨細胞病毒（CMV）、單純疱疹病毒（以上幾種病原體合稱TORCH）。

一旦感染這些病原體就可能出現先天性異常，甚至造成流產。另外，母親也可能將B型或C型肝炎、人類免疫缺乏病毒（HIV）、人類嗜T淋巴球病毒（HTLV-1）傳染給嬰兒。

產道感染則是指病原微生物著床於產道，或是病毒棲息在母體血液中並進入胎兒體內，如淋病雙球菌、披衣菌等性傳染病，以及HIV、B型或C型肝炎。另外，**人類嗜T淋巴球病毒（HTLV-1）、HIV、CMV也可能存在於媽媽的母乳，並在哺乳時感染嬰兒。**

這裡首次出現CMV一詞，CMV（巨細

胞病毒）會透過尿液、血液、唾液感染，感染的孕婦只會出現感冒症狀，**嬰兒則會出現一些先天性的症狀**。目前大約有3成的女性未持有抗體（還沒感染過），因此較擔心懷孕時遭感染。

孕婦的感染途徑多半是其他已出生的孩童，所以在照顧家中孩童時，要記得事後勤洗手，同時也別共用餐具。

Q：什麼是弓形蟲？

長5～7μm（微米）、寬2～3μm，形狀為半圓或彎眉形的原蟲，據說世界上3分之1的人都有受弓形蟲感染。貓科動物是最終宿主，所以如果寵物貓身上帶有弓形蟲，並將原蟲感染給懷孕初期的孕婦，就有可能使胎兒出現嚴重障礙。

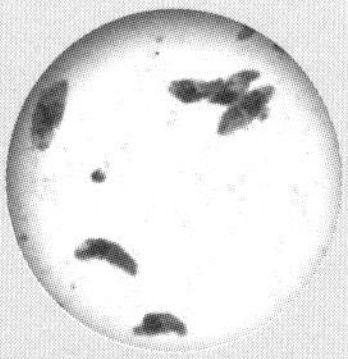

弓形蟲
（寄生性原蟲）

Q：懷孕時感染德國麻疹很可怕？

如果孕婦在懷孕開始10週內首次感染德國麻疹，有90%的機率會對寶寶造成影響。可能會出現先天性德國麻疹症候群三大症狀的心臟缺損、耳聾或白內障。

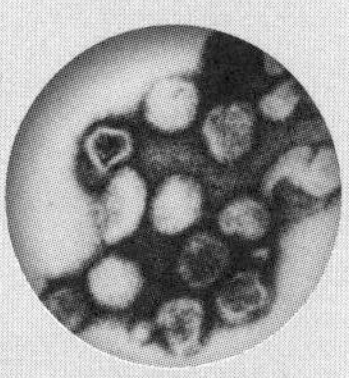

德國麻疹病毒

Q：單純疱疹病毒是怎樣的疾病？

疱疹病毒會長在皮膚、口腔、嘴唇、眼睛，甚至生殖器，冒出讓你痛到不行的水泡，而且還會復發呢！巨細胞病毒同屬疱疹病毒傳染病，一旦懷孕時受到感染，寶寶就可能會流產、死胎，或是出生後死亡、罹患重症。

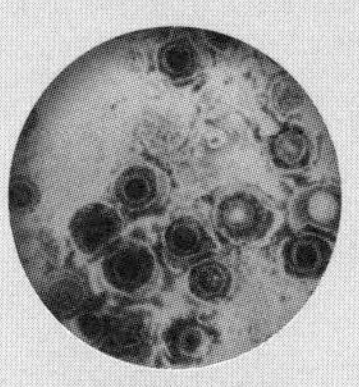

單純疱疹病毒

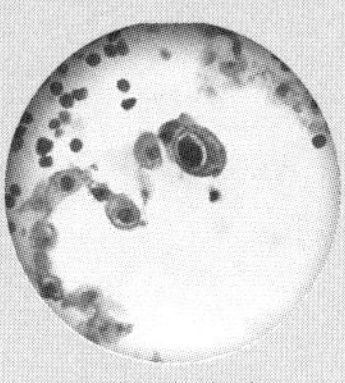

巨細胞病毒
（CMV）

Q：什麼是人類嗜T淋巴球病毒？

HTLV-1是會感染白血球T細胞，引發血液腫瘤的病毒。從母乳垂直感染給嬰兒的機率為17.7%，只要換成配方奶基本上就能預防嬰兒感染。不過，一旦感染HTLV-1，40歲左右可能會出現HTLV關聯性脊髓病，60歲時可能引發成人T細胞性白血病或淋巴癌。要預防HTLV感染很難，目前能做的就只有阻斷母子垂直感染途徑了。

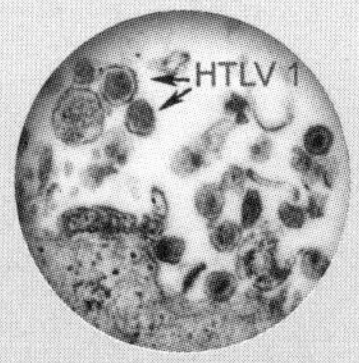

人類嗜T淋巴球病毒
（HTLV-1）

15

兒童容易罹患的傳染病是什麼？

孩子們能透過罹患傳染病或接種疫苗獲得免疫力

寶寶出生時，會透過臍帶獲得大量來自媽媽對傳染病的免疫力，讓寶寶能夠抵抗傳染病。不過，寶寶身體裡的免疫抗體會慢慢下降，在出生3～6個月的時候來到低點，所以這段期間較容易罹患各種傳染病。**以感冒來說，光是病毒類型就多達數百種**，想要預防每種感染是不可能的。

人們為了避免孩子感染，於是開發出非常多疫苗。日本中央及地方單位有列入預防接種項目的包含了**B肝疫苗**（B型肝炎病毒）、**B型流感嗜血桿菌疫苗**（B型嗜血桿菌）、**小兒麻痺疫苗**（小兒麻痺病毒）、**麻疹疫苗**（麻疹病毒）、**德國麻疹疫苗**（德國麻疹病毒）、**日本腦炎疫苗**（日本腦炎病毒）、**HPV疫苗**、**肺炎鏈球菌疫苗**（肺炎鏈球菌）、**白喉**（白喉棒狀桿菌）、**百日咳**（百日咳桿菌）、**破傷風**（破傷風桿菌）、**卡介苗**（結核桿菌）等。

可自行評估是否接種的則有**輪狀病毒疫苗**、**腮腺炎疫苗**（腮腺炎病毒）、**流感疫苗**（流感病毒）、**A肝疫苗**（A型肝炎病毒）、**流行性腦脊髓膜炎疫苗**（腦膜炎雙球菌）等。

另外還有目前尚無疫苗，但小孩也很容易感染的疾病，如**咽結膜熱**（腺病毒）、**手足口病**（克沙奇病毒、腸病毒）、**猝發疹**（第六型、第七型人類皰疹病毒）、**諾羅病毒**、**皰疹性咽峽炎**（A型克沙奇病毒）、**蘋果病＝傳染性紅斑**（微小病毒B19型）、**呼吸道融合病毒感染**（RSV病毒）、**感冒**等多到數不清。

孩童在成長過程中，就是經由實際感染、接種疫苗的方式對疾病產生免疫，進而增進抵抗力。有些人小時候常感冒，不過長大後反而就不太會生病。

18世紀的詹納發明首支疫苗。來到200年後的20世紀，人類已研發出許多疫苗。

尚無疫苗可打的傳染病

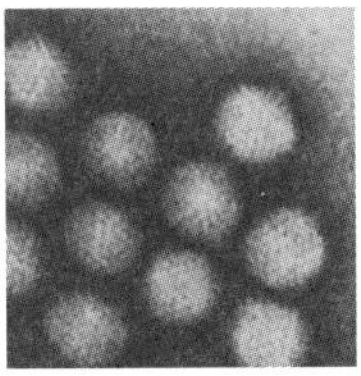

咽結膜熱
（腺病毒）

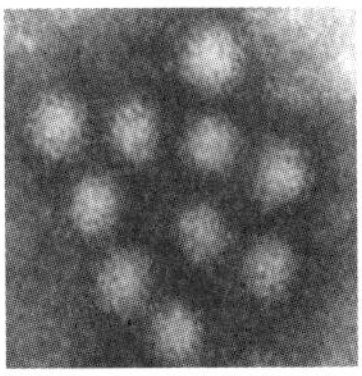

諾羅病毒

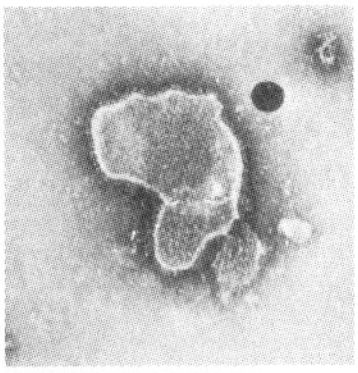

RSV病毒

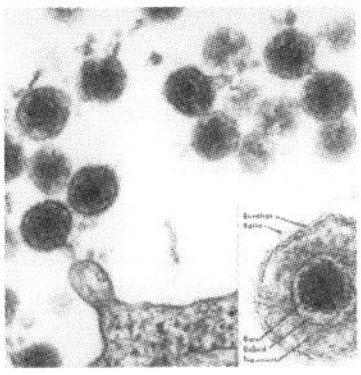

猝發疹
（第六型、第七型人類皰疹病毒）

已有疫苗可打的傳染病

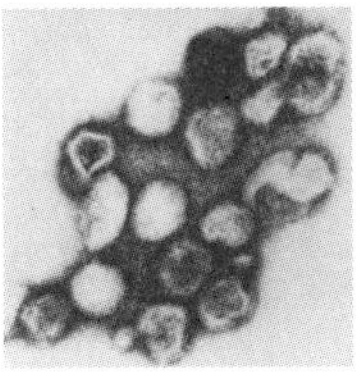

德國麻疹
（德國麻疹病毒）

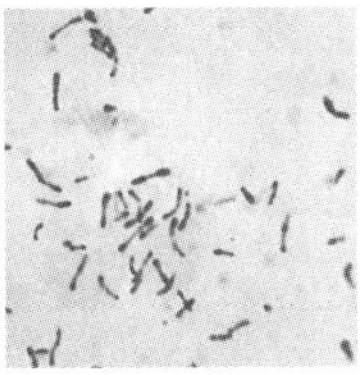

白喉
（白喉棒狀桿菌）

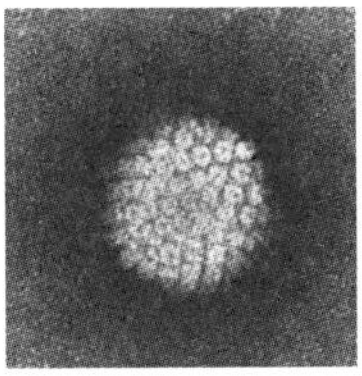

HPV
（人類乳突病毒）

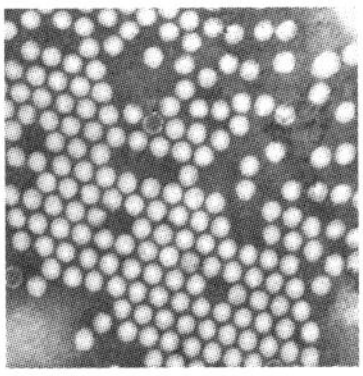

麻疹
（麻疹病毒）

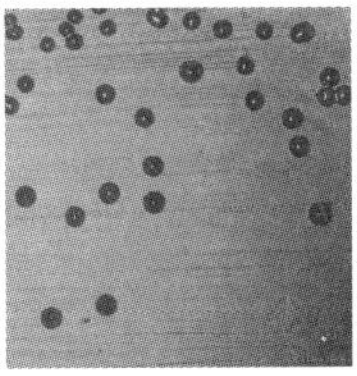

B型流感嗜血桿菌傳染病
（B型嗜血桿菌）

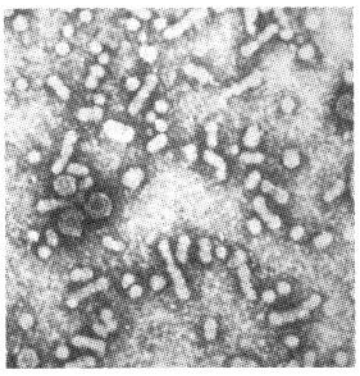

B肝
（B型肝炎病毒）

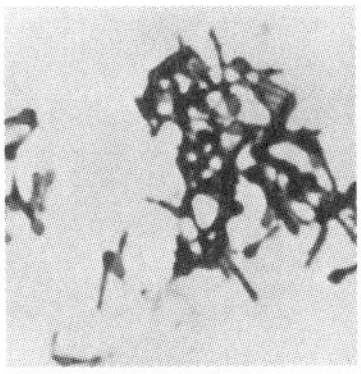

破傷風
（破傷風桿菌）

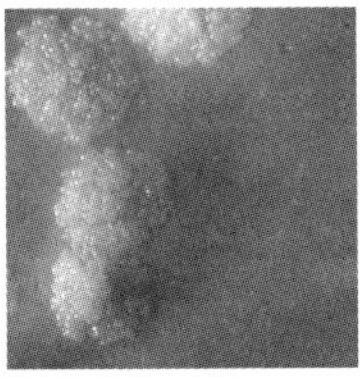

結核病
（結核桿菌）

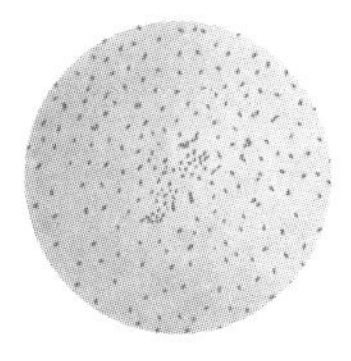

百日咳
（百日咳桿菌）

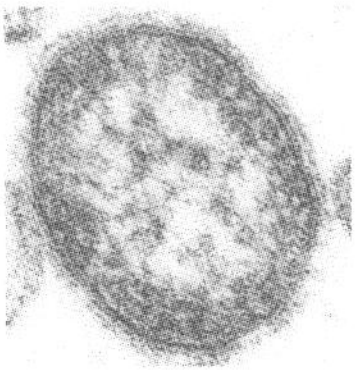

麻疹
（麻疹病毒）

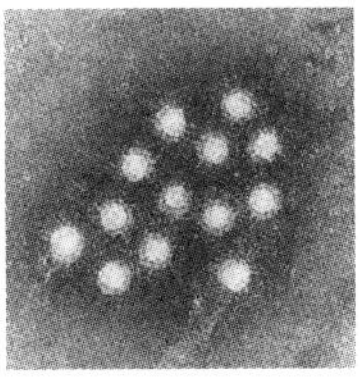

A肝
（A型肝炎病毒）

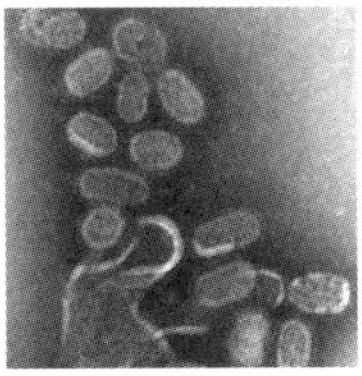

流感
（流感疫苗）

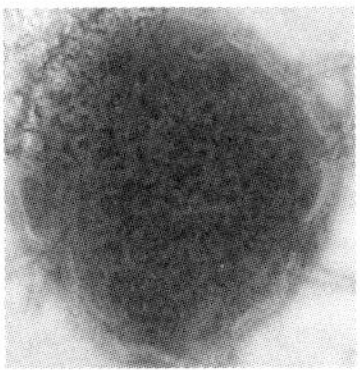

腮腺炎
（腮腺炎病毒）

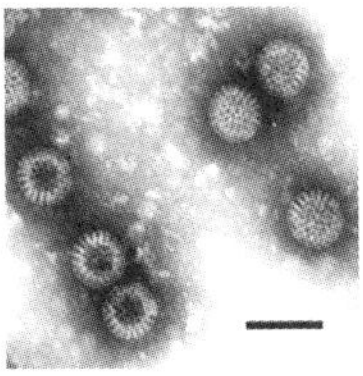

輪狀病毒

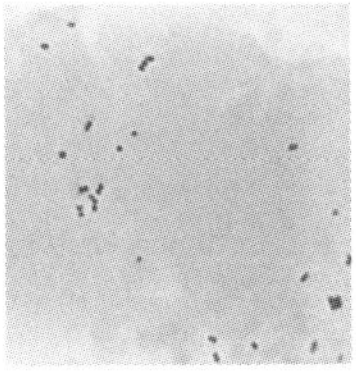

流行性腦脊髓膜炎
（腦膜炎雙球菌）

16 貓狗寵物會傳染給人類的疾病是什麼？

寵物為媒介，任誰都可能感染的人畜共通傳染病

近來，人類與寵物間的關係愈趨親密，許多飼主會把寵物當成人來看。不過，**寵物也會將一些可怕的疾病傳染給人類，稱為人畜共通傳染病（Zooneses）。**

以日本國內來說，除了有**鸚鵡熱披衣菌（Chlamydia pasittaci）**所致，會出現類感冒症狀的**鸚鵡熱**，**犬小芽胞菌（Microsporum canis）**這種會引發貓咪皮膚病的黴菌傳染給人類後，就有可能得到**皮癬菌症**，引起皮膚發炎。還有一種是絕大多數哺乳類及鳥類都會感染的寄生性原蟲，名叫**弓形蟲（Toxoplasma gondii，頂複門動物）**，牠所引發的**弓形蟲傳染病**主要會透過貓糞傳播，一旦孕婦感染就會傳給胎兒，造成死胎、流產、神經病變、運動障礙。

另外，當人類感染**犬蛔蟲（Toxocara canis）**或**貓蛔蟲（T. cati）**，就可能得到對肺部、肝臟、眼睛造成傷害的**蛔蟲症**。還有一種名叫**巴斯德桿菌病（Pasteurellosis）**的傳染病，這是當貓狗咬傷人類或舔人類的傷口時，存在於貓狗口腔內，且平常毫無症狀的常駐菌——**敗血性巴斯德桿菌（Pasteurella multocida）**就會出現變化，使人類鼻腔至肺部的呼吸器官發炎。

日本推廣疫苗接種後，自西元1956年起便不曾出現狂犬病。然而，目前日本境外仍可見**由病毒引起的狂犬病。狂犬病尚無治療方法，是死亡率幾近百分之百的可怕疾病。**

每年全世界死於狂犬病的人數超過5萬

人。根據世界衛生組織（WHO）的統計，西元2017年亞洲死於狂犬病的人數為3萬5千人，非洲為2萬1千人，全球因狂犬病而死的人數總計有5萬9千人。日本也會出現一些在尼泊爾、菲律賓等國感染狂犬病後回國發病死亡的案例。

狂犬病有個「犬」字，很容易讓人誤會只有狗才會染病，其實狐狸、蝙蝠、貓鼬、浣熊、臭鼬等也都是帶菌者，各位務必知道這些動物也都會傳播狂犬病。

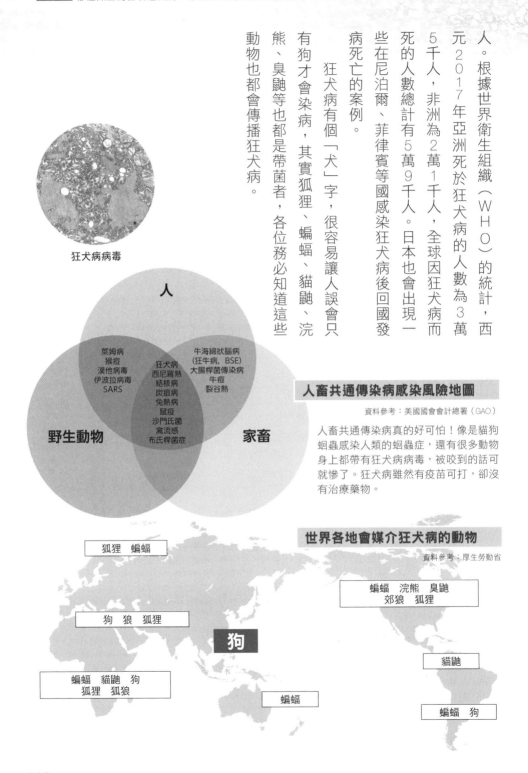

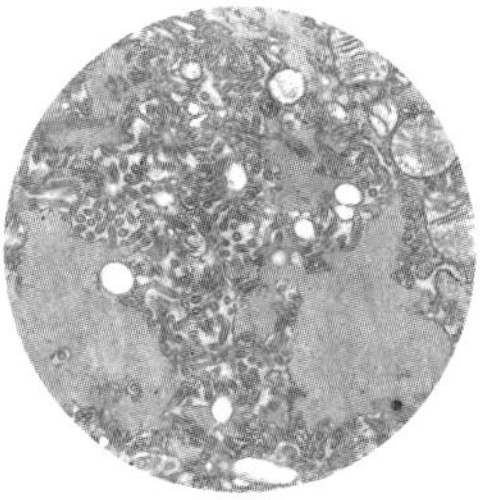

狂犬病病毒

人畜共通傳染病感染風險地圖

資料參考：美國國會會計總署（GAO）

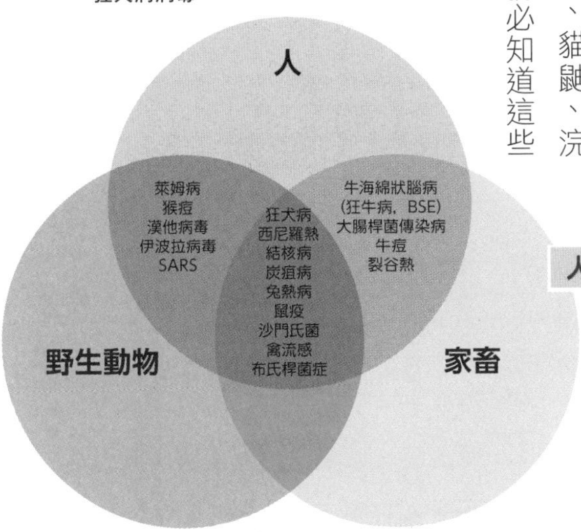

人畜共通傳染病真的好可怕！像是貓狗蛔蟲感染人類的蛔蟲症，還有很多動物身上都帶有狂犬病病毒，被咬到的話可就慘了。狂犬病雖然有疫苗可打，卻沒有治療藥物。

世界各地會媒介狂犬病的動物

資料參考：厚生勞動省

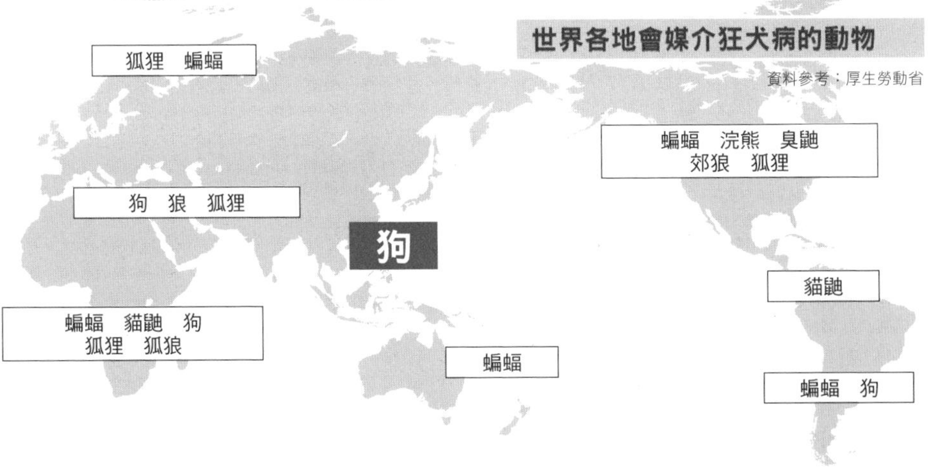

17 拯救人類的抗生素是什麼？

曾是拯救人類的抗生素，如今卻須面臨抗藥性細菌的問題

人類歷經多種細菌感染，一路奮戰生存至今。現在幾乎已經沒有人因為皮肉傷而死。

在過去，人類可能會因為接受外科手術，導致細菌感染傷口，進而引發敗血症。結核病、霍亂這類細菌性傳染病也曾被視為可怕的不治之症。抗生素則完全扭轉了這樣的情勢。

究竟什麼是抗生素？

抗生素原本是指由微生物所製造，能阻礙其他微生物生長的物質。不過，現在所說的抗生素則包含了經化學修飾（chemical modification）新開發的物質。

英國的亞歷山大．弗萊明（Alexander Fleming）是世界上第一個發現抗生素的人。他在西元1928年做葡萄球菌培養時，發現培養皿上竟然長出了青黴菌，並察覺黴菌周圍都沒有長葡萄球菌。這時，弗萊明假設青黴菌會產出抗菌物質。**這種黴菌為青黴菌屬（Penicillium），於是將其稱作盤尼西林（Penicillin）**。盤尼西林在二次世界大戰中治癒了許多負傷的士兵，更治好了當時英國首相邱吉爾的肺炎，因而聲名大噪。

自此之後，盤尼西林便被全世界用來治療傳染病，各種抗生素也接二連三地開發問世。

抗生素可以分成幾類，像是能夠抑制細菌細胞壁合成的萬古黴素（Vancomycin）、抑制核酸合成的利福平（Rifampicin），以及能夠抑制蛋白質合成的四環黴素（Tetracycline）等。

不過，近年來對抗生素出現抗藥性的細菌卻不斷增加。舉例來說，抗生素對流感這類病毒性傳染病並無效果，但仍被作為治療用藥，甚至被混入家畜飼料中使用，這些使用方式都會使細菌出現抗藥性。

具耐受性的細菌能將抗藥性基因轉移給其他菌種，稱為水平基因轉移。如此一來將使得病原性細菌也產生抗藥性，所以我們要非常謹慎，避免過度使用抗生素。

盤尼西林雖然是弗萊明發現的，但把盤尼西林加以活用，使其成為傳染病治療用藥的，其實是弗洛里和柴恩。這三人都因為自己的成就，在西元1945年獲頒諾貝爾生理醫學獎。

弗洛里和柴恩重新檢視了盤尼西林的效用，並成功量產。

恩斯特・伯利斯・柴恩
（Ernst Boris Chain，1906－1979）
英國生物化學家

霍華德・弗洛里
（Howard Walter Florey，1898－1968）
英國生理學家

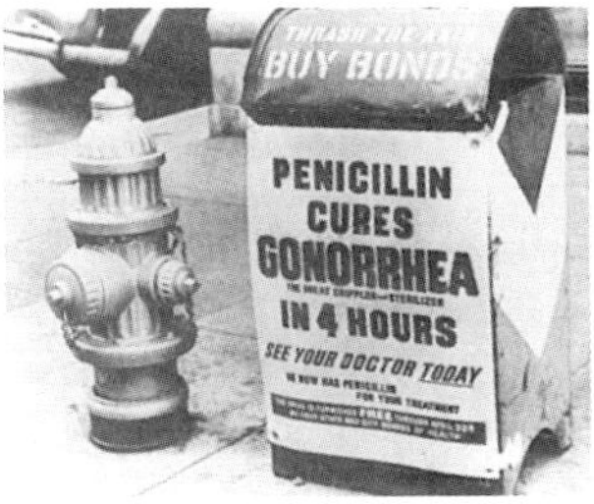

二次世界大戰時宣傳盤尼西林能治好淋病的廣告。

西元1928年，從青黴菌發現盤尼西林的英國細菌學家亞歷山大・弗萊明（1881－1955）

18 可望被作為新藥的微生物是什麼？

數百萬種未知的微生物未來都能成為新藥

抗生素對傳染病的治療發揮極大功效。**人們是先開始探索微生物，花費了龐大的時間與金錢後，最終才順利地將這些藥物用在治療上。**也因為所費不貲，近年從微生物製造的化合物去找出新藥的藥物開發（Drug Discovery）正逐漸式微。

然而，**微生物確實能製造出各種物質**。特別是近幾年人們針對許多微生物進行基因序列分析後，發現不少全新的化合物合成路徑，當中甚至還有很難以人工合成的化合物。此外，根據人們的研究經驗，發現相近的微生物種能夠合成相似的化合物，**若想要探索新化合物，了解更多樣的微生物就成了重要關鍵。**

目前推估**世界上仍有數百萬種未知的微生物**，其中**肯定還有微生物能夠生成可用來製成新藥的化合物**。

我們過去寄予相當厚望在能夠產生抗生素的**放線菌，同時也了解到黴菌、菇類等真菌類生物有辦法生產出擁有更複雜結構的化合物**，所以只要嘗試找出新的真菌，就能增加獲得新化合物的機率。也因為這樣，目前世界各國甚至是日本國內都會積極地在不同地點探索未知的微生物。

另外，**人們也透過基因序列分析，找到了某些基因。它們不僅能夠合成複雜的化合物，還有辦法控制過去不曾發現的全新酵素。**雖然這些酵素平常並不會起作用，但**目前各界正積極研究，希望能夠活化基因，多了解酵素，甚**

至透過基因改造技術，生產新化合物。

期待在眾多研究學家的努力下，我們能更了解微生物，開發出有助人類的新藥物。

我們的同類究竟活在多麼深的地底下呢？聽說海底4000m的土裡有發現微生物，甚至有微生物能活在11000m的深海中，聽起來就很神呢！

19 有助再生能源發展的微生物是什麼？

碳氫能源、甲烷生成、形成電力……讓人充滿夢想希望的微生物

為了打造永續發展的社會，世界各國皆致力於**再生能源的開發。再生能源是指不會排放溫室效應氣體，造成地球暖化的能源。**

舉例來說，如果以植物作為原料，透過微生物發酵製造燃料的話，即便燃燒燃料驅動引擎，產生的二氧化碳也會再次被植物行光合作用吸收掉，並再生原料。既然不會增加二氧化碳的排放，就屬於可再生能源。**美國和巴西從以前就會把玉米、甘蔗用來發酵取得酒精，並混入汽油中作為燃料使用。**

但由於人們較排斥把糧食類植物用來生產燃料，因此目前更進一步開發出**以構成植物纖維素的生物質（biomass）製造出酒精（生質酒精）的技術**。**纖維素是由葡萄糖組成的高分子物質。菇類、黴菌所產生的酵素群會分解纖維素，轉換成葡萄糖，接著酵母會使葡萄糖發酵，製造出酒精。**

另也有報告指出，**有種微生物能製造出類似石油的碳氫物質**。近年，**藻類的細胞內也被發現蘊藏著碳氫物質**，因而受到高度關注。若是**運用行光合作用的藻類，不僅可以捕捉二氧化碳，還能生產碳氫**，因此藻類被寄予高度厚望。

除此之外，**歐洲更捨棄液態燃料，開發改將甲烷生成菌產出的甲烷作為燃料，處理食物廢棄物、汙水、家畜排泄物的技術。**

還有一種先由乳酸菌產生乳酸，再將乳酸

聚合形成，名為聚乳酸（PLA）的塑膠原料。聚乳酸雖然不是燃料，卻已經被做成塑膠袋，實際運用在你我生活中。不同於石化原料製成的塑膠袋，PLA塑膠袋屬於可再生能源，因此在日本不列入須收費的限塑對象中。

最近人們更發現了能直接形成電力的微生物，或許在不久的未來，靠微生物發電的夢想將能成真呢！

透過微生物產出能源的生物質

生物質的「biomass」是將bio（生物＆生物資源）與mass（大量）結合而來。據說纖維素類的生物質就是利用微生物分解植物纖維素或半纖維素的方式製造能源的。
我們身邊可是存在著很多生物質。像是農業資源的稻稈、稻殼、麥殼，林業的剩料、廢材，還有製糖業的甘蔗、甜菜，當然也包含了澱粉產業的米、薯類、玉米，以及製油業的油菜籽、大豆、落花生等，有好多好多呢！
將生物資源再生利用轉變為能源。也因為這類自然能源可減少二氧化碳的排放，所以有助預防地球暖化。

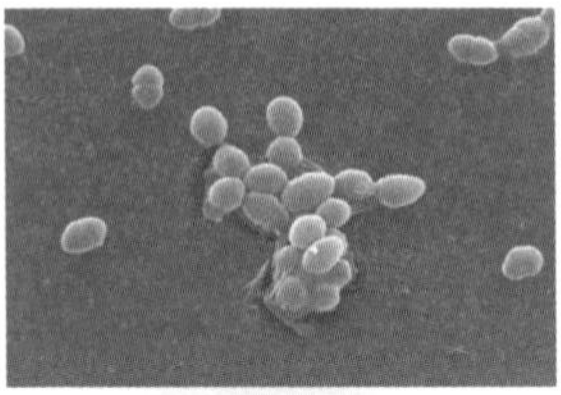

微生物擁有無限可能

玉米、甜菜、真菌的菇類與黴菌都能製造酒精。

20 微生物會不斷現蹤的意思是什麼？

至理名言「只要有任何需求，就去請益微生物」的意涵

所有生物活在這個世界上，都能充分活用自身精準受控的功能。人類則會取用這些生物擁有的特殊功能或物質，投入農、食、醫、藥、工、環境做各方面的運用。

人類更搭配基因治療、動植物基因改造、細胞融合等各種技術，藉此提升「生活品質（QOL）」。

那麼，為何生物工程技術能如此進步呢？尤其是**日本在發酵工業的技術十分發達**。這裡所說的**發酵工業，是指利用微生物製造出各種人類生活所需物質的技術**。日本自古便是味噌、醬油、酒、醋等發酵釀造食品的寶庫，這其實是因為**日本有著與微生物息息相關的傳統**，所以在發酵工業的表現上相對卓越，甚至能夠生產有機酸、胺基酸、抗生素及酵素。

還沒出現基因改造以前的發酵技術又可稱為「**傳統生物科技**」。當這個技術與基因改造、細胞融合、生物反應器（Bioreactor）、動植物細胞大量培養技術結合，**1980年才真正開始興起「生物科技」一詞**。人們在這之後更持續利用微生物做各種嘗試，無論是生產醫藥品、替代能源或是運用生物質，**只要是人類生活所需的範疇，都一定看得見微生物的蹤影**。

因此，微生物研究學家們都會牢記著「**只要有任何需求，就去請益微生物**」。這句話是在講述世界上一定存在著能生產所需物質的微生物，只是我們還沒發現罷了。應該滿像是聖

經所言「你們祈求，就給你們（Ask and it will be given to you）」，不過，這裡的祈求對象換成了微生物。

世界上存在著數百萬種微生物，我們目前所知的只有其中的百分之幾。微生物變化速度之快，說不定快到在我們討論這件事的過程中，又誕生出擁有全新功能的微生物。這麼說來，「就去請益微生物」的說法的確沒錯呢！

「就去請益微生物吧」現代生技的關鍵字

生技是指生物科技。日本不斷累積借力微生物的發酵技術，甚至將技術延伸至交配育種，成功品種改良，這又稱為「傳統生物科技」。如同本篇內容所述，當傳統生物科技結合了基因改造、細胞融合、運用生物體觸媒的生物反應器以及動植物細胞大量培養技術後，就轉換成「現代生物科技」。不過，現代生物科技還是少不了微生物的存在呢！

胰島素製法的改變！

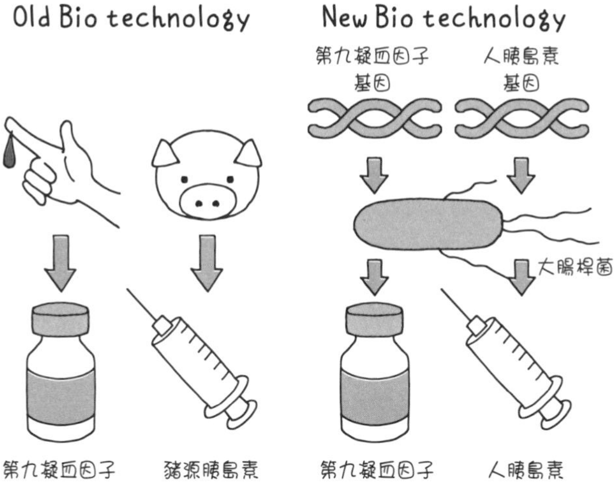

資料參考：生技的安全性與歷史／NBDC（生物科學數據庫中心）

各家酒廠供奉於鶴岡八幡宮的日本酒酒桶

無論是酒、味噌、醬油、醋，還是納豆與醃漬物，日本自古以來便有卓越的發酵釀造技術，在經驗累積下，非常精通微生物的運用方式，並在這樣的基礎上發展發酵工業，讓日本這方面的技術稱霸全球。

傳統生物科技，邁入現代生物科技製程！

國家圖書館出版品預行編目（CIP）資料

趣味微生物：發酵與釀造、疾病與新藥研發……存在你我身邊看不見的菌類病毒大解密！／山形洋平著；蔡婷朱譯.
-- 初版. -- 臺中市：晨星出版有限公司，2022.04
面；　公分. --（知的！；188）

譯自：眠れなくなるほど面白い 図解 微生物の話

ISBN 978-626-320-094-4（平裝）

1.CST: 微生物學　2.CST: 通俗作品

369　　111001202

知的！188

趣味微生物

發酵與釀造、疾病與新藥研發……存在你我身邊看不見的菌類病毒大解密！

眠れなくなるほど面白い　図解　微生物の話

填回函，送 Ecoupon

作者　山形洋平
內文圖版　室井明浩（studio EYE'S）
譯者　蔡婷朱
編輯　吳雨書
封面設計　ivy_design
美術設計　黃偵瑜

創辦人　陳銘民
發行所　晨星出版有限公司
407台中市西屯區工業30路1號1樓
TEL:（04）23595820　FAX:（04）23550581
E-mail:service@morningstar.com.tw
http://www.morningstar.com.tw
行政院新聞局局版台業字第2500號
法律顧問　陳思成律師
初版　西元2022年04月15日　初版1刷

讀者服務專線　TEL:（02）23672044 /（04）23595819#212
讀者傳真專線　FAX:（02）23635741 /（04）23595493
讀者專用信箱　service@morningstar.com.tw
網路書店　http://www.morningstar.com.tw
郵政劃撥　15060393（知己圖書股份有限公司）

印刷　上好印刷股份有限公司

定價350元

ISBN 978-626-320-094-4
“NEMURENAKUNARUHODO OMOSHIROI ZUKAI BISEIBUTSU NO HANASHI”
by Youhei Yamagata